植物的记忆

坤坤 著

科学普及出版社
·北 京·

图书在版编目（CIP）数据

植物的记忆 / 坤坤著. -- 北京 : 科学普及出版社, 2021.12
ISBN 978-7-110-10357-9

Ⅰ. ①植… Ⅱ. ①坤… Ⅲ. ①植物 - 手工艺品 - 制作 Ⅳ. ①TS939

中国版本图书馆CIP数据核字（2021）第209745号

策划编辑　胡　怡
特约策划　周　博　张国辰
责任编辑　胡　怡
封面设计　果　丹
正文设计　果　丹
责任校对　张晓莉
责任印制　马宇晨
出　　版　科学普及出版社
发　　行　中国科学技术出版社有限公司发行部
地　　址　北京市海淀区中关村南大街16号
邮　　编　100081
发行电话　010-62173865
传　　真　010-62173081
网　　址　http://www.cspbooks.com.cn
开　　本　889mm×1194mm　1/20
字　　数　82千字
印　　张　8
版　　次　2021年12月第1版
印　　次　2021年12月第1次印刷
印　　刷　北京世纪恒宇印刷有限公司
书　　号　ISBN 978-7-110-10357-9 / TS・137
定　　价　89.00元

前
言

植物艺术创作之路

我最早接触与植物相关的艺术创作，是在苏州求学的时候。许是受江南之地千年文脉所浸润，我们学校开设了一门关于工笔花鸟画的必修课，教我们的老师出身书香门第，其父亲曾师从绘画大师潘天寿。工笔花鸟画承袭了传统绘画的精髓，人们若想学习这种特殊技法，首先要练习画线条，然后临摹吴道子的《八十七神仙图》，再去花圃写生。

苏州给我留下深刻印象的还有苏州园林。身处园林中，我每每有一种在画中行走的感觉，移步换景，丝毫不会觉得重复。这些美的滋养，为我日后的创作积累了宝贵的养分。

我创作植物艺术的欲望被再次勾起是在五年前。当时的我是一个朝九晚五的上班族，为了减压，会经常去北京的奥林匹克森林公园（以下简称“奥森公园”）跑步。奥森公园是一个湿地公园，有水系、植被，含氧量也高，是一个难得能亲近自然的地方。在那里跑步的过程中，我才注意到植物是非常有趣的“精灵”，可以制造“魔法”，由此便有了想要将其保存下来的愿望，便开始尝试压花、滴胶等植物艺术创作。

然而，植物艺术创作与画画不同，除了要注意色彩和形状的搭配外，因为植物艺术创作有着以真实的植物作为素材的特点，我在创作过程中总会不断遇到问题。比如，做植物标本时，同样是红色花瓣的植物，有的会变色，有的则不太变色。又比如，有些植物的花萼长得很饱满，即便已经进行了干燥处理却还是会返潮。这时，我才开始有意识地查找关于植物学的资料，并且跟随中国科学院植物研究所的老师系统地学习了植物分类学。

如果有读者也想加入植物艺术的创作之旅，我的建议是分成三个阶段进行学习，本书会对这三个阶段进行详细介绍。

第一个阶段，了解植物艺术的发展历程，提升艺术审美能力。苏州的学习经历使我深深爱上了江南园林的艺术风格。比如，我在封面设计装帧上的灵感很多来源于苏州园林的移步换景，工笔花卉的技法和构图也常常被我应用在创作中。古今中外的艺术作品都是我们创作的养料，学习经典是为了更好地完成与当下的对话。

第二个阶段，学习各种植物艺术的创作工艺，使自己具备实现创作想法的动手能力。本书中会详细讲解各类与植物相关的工艺手法，例如，标本、滴胶、植物染等基础工艺，以及植物与配饰、团扇等家居美学产品相结合的工艺。通过基础工艺与设计工艺的融合，我们可以创造出属于每个人的独一无二的作品。

第三个阶段，学习和了解各类植物素材，建立长期观察植物的习惯。本书分享了三十多种常见植物的观察历程，讲解了植物在不同阶段的生长状态，以及根、茎、叶、花、果实、种子等不同部位分别适用于创作哪些作品。读者只有了解植物的基础知识，才能对植物素材运用自如。

在植物艺术的创作过程中，我们应力求作品能同时具备功能性和审美性，既要追求植物本身与工艺表达的有机融合，还要关注产品的环保和有机降解。艺术家穆夏曾经说："我很高兴我所创作的艺术是大众的艺术，而非仅服务于少数人，无论贫穷还是富裕之家，都能看到我的作品。"我希望看到这本书的每位读者能够参与到创作植物艺术的过程中，更好地体验植物的美，更深刻地感受植物之于我们生活的意义。

目录 contents

01 什么是植物艺术

02

植物艺术创作的工艺

03

常见植物素材

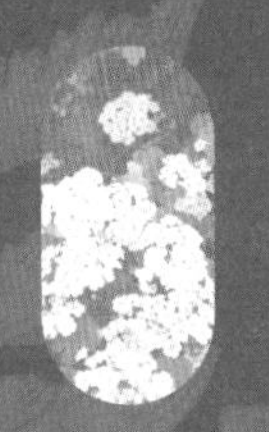

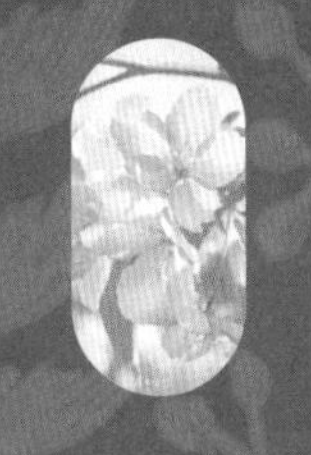

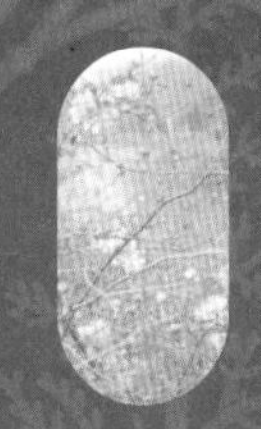

什么是植物艺术

植物艺术是以植物作为创作主题或素材的艺术作品。这类作品我们从小到大欣赏过很多，比如，中国的花鸟画，西方的风景画、静物画中，都留有植物的美妙姿态。一开始，植物只是绘画中的配角，后来，随着艺术的不断升华，植物逐渐成了主角。以植物作为创作素材的艺术，早期主要是园林造景、插花等艺术形式。后来，随着植物标本制作、植物保鲜技术的发展，可供使用的植物素材越来越多，植物艺术的形式也就越发丰富起来，比如压花、植物滴胶、植物染等。

通过不断的学习和探索，我对植物艺术有了一个较为全面的认识，也慢慢形成了自己的创作风格。

下面我将从中西方绘画作品中出现的植物开始溯源，带领读者一步步进入植物艺术的世界。

第一节

中西方的植物艺术溯源

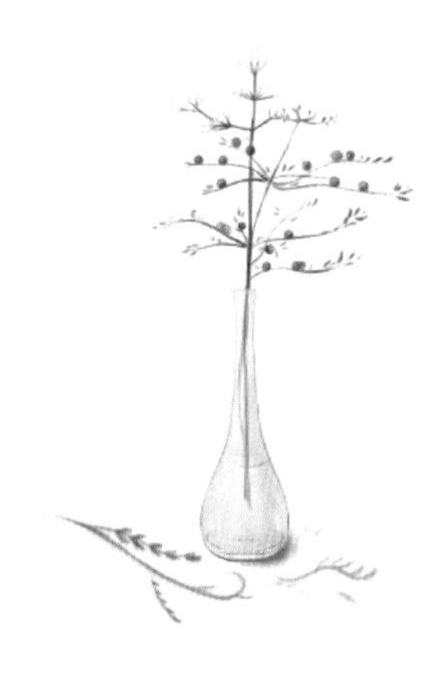

说到中国古代的植物艺术，花鸟画是最具代表性的。花鸟画的演变和发展，几乎贯穿了整个中华文明的历史。早在新石器时代出土的陶器和玉器上，就能看到一些简单、拙朴的动植物形象。后来在商周时期出土的青铜器，战国时期出土的帛画、漆器，汉代的画像石、画像砖，魏晋南北朝时期的墓室壁画中，也都能看到一些与植物相关的纹样。直到唐代，花鸟画这一艺术形式才开始独立发展起来。

唐代国力强盛，生活富足，人们热衷于观赏花卉、修建园林，写实风格的动植物形象逐渐取代了传统的装饰性的几何纹样。这种提倡精工细琢，追求“似”与“真”的花鸟画风格在宋代发展到了顶峰，宋徽宗是工笔花鸟画领域的杰出代表。为了画得像，画家们还十分重视写生和观察。我在苏州学习传统折枝花鸟画时，也依然遵循着这样的传统进行练习。

宋代是写意风格的文人画的兴起时期。苏轼曾说“观士人画如阅天下马，取其意气所到”，可见这类画主要追求“神似”而非“形似”。拿苏轼的《枯木怪石图》来说，怪石形如蜗牛，树枝形似鹿角，这幅画想展现的是一片枯槁中树枝扭曲盘结，努力冲向天际的顽强生命力，而不在于这棵树到底是什么品种。

中国的文人大都有着深厚的文化修养，他们喜欢画梅、兰、竹这些代表高尚情操的植物，并将诗、书、画、印融为一体，以追求更完整、更有特色的画作。元明清时期，写意花鸟画名家辈出，有元四家、明代的吴门四家、清代的扬州八怪等。

回顾整个历史，不难发现，中国的花鸟画既是对自然的写照，也是对生命的关照。最初以写生风格再现植物的自然之美，逐渐发展到以花鸟形象作为人的生命的象征，将生活中的所见、所感、所悟寄情于花鸟之中，从而获得了更为长远的艺术生命。

西方的植物绘画同样经历了从反映自然到表达内心的变化历程。不过不同于中国的花鸟画，西方的植物绘画很长时间都只是作为配角存在。

早在古埃及、古罗马的壁画中，植物就已经作为生活场景的一部分出现。到了文艺复兴时期，植物在西方绘画中出现得越来越多，不同的植物有着不同的寓意。比如，棕榈叶是胜利的象征，玫瑰是爱和美的象征，百合是纯洁的象征。即便这些植物有着如此多的寓意，但在当时，它们在画中依然只是配角的地位。

比如波提切利的《春》，画中描绘了在一片丰美的草地上盛开着美丽的花朵，草地外侧围绕着开满白花的橘子树。然而，这么多的植物都是为了烘托画面中的人物。

到了17世纪，中产阶级在欧洲兴起，表现世俗生活的画作开始受到欢迎，植物逐渐在绘画中占据了主角的位置。但画家们在画中表现的并不是大自然中的植物，而是水果、花卉等静物。这类绘画非常写实，连桃子上的绒毛、苹果皮上的褶皱，都能画得清清楚楚。

一直到近代，西方的植物绘画才迎来了新的时代潮流。莫奈的《睡莲》、梵高的《向日葵》，是这一时期的代表作。

《睡莲》想要展现的不是一成不变的植物，而是大自然中变幻莫测的光线，那转瞬即逝的美需要长期的观察才能被记录下来。这幅画远看是一片混沌的睡莲与水面，近看却是光与影的完美搭配及丰富色彩的大胆运用。莫奈把睡莲作为这些色彩的载体，使其超越了短暂的生命而成为永恒。

《向日葵》展现的则是梵高内心的感情与思考。画中的向日葵如火球般“燃烧”着，正如梵高对生命的态度一般热情和炽烈。在梵高的笔下，植物画得像不像不再重要，重要的是情感如何在画中流淌。

自现代艺术开始，西方的植物绘画也在重现自然之外，走出了一条表现自我的道路。从配角到主角，再到作为画家的心灵化身，植物作为艺术的载体，传达着人类对于自身、对于自然的思索。

第二节

当科学遇见艺术

在植物艺术的创作过程中，我深刻地体会到了科学与艺术之间互相交融、互相促进的关系。早在我学习花鸟画时，老师就教导我们，画作中既要有科学依据，又要有美的加工。后来，我以植物标本作为创作素材时，又专门去学习了植物分类学。

通过学习，我对科学与艺术之间的关系有了更深的认识：一方面，艺术可以为科学服务，比如植物科学画通过描绘出植物的真实样貌，促进了植物学的发展；另一方面，科学的进步也为植物艺术提供了新的创作素材，比如植物标本最初是用于科学研究的，随着科学的进步逐渐演变出压花等新的艺术门类。

植物科学画，是在没有摄影技术的年代，帮助人们记录和辨识植物形态的重要方式。在地理大发现时期，欧洲出现了一大批“植物猎人”，他们有着探索全球植物物种的“野心”，一旦发现新的植物物种，就要为其绘制画像。因此，艺术家会和科学家一起到世界各地去测量、收集和描绘植物。

一幅好的植物科学画，准确性是第一位的，这样才能帮助人们更好地识别植物。绘制植物科学画需要运用到专业的植物学知识，还要对花萼、花瓣、雄蕊、子房等部位进行解剖观察，并在画面上对这些不同的部位进行等比放大或缩小，这样才能准确地表达植物的形态。与此同时，在不脱离科学性的基础上，植物科学画也要具有艺术上的欣赏价值。一幅好的植物科学画不是一件没有生命的标本，而是能带给观众来自大自然的生命景象的。

不同于植物科学画以艺术形式表现科学特征，压花是将科学技术用作艺术创作。意大利植物学教授卢卡·吉尼（Luca Ghini）被认为是最早制作系统的植物标本并以艺术性方法进行展现的人。他在博洛尼亚大学教学生采集、压印和装裱植物标本的相关课程，受到了学生们的一致好评。到了16世纪中期，这种保存干燥植物的工艺已经传遍了整个欧洲。

压花是对植物标本的再创作，人们不是为了满足科学认知的需求对标本进行分类保存，而是从植物的颜色、线条、形状出发，将植物标本创作成有美感的作品，进而将这一份美保存下来。

除了平面压制的植物标本，还有立体干燥的植物标本及植物浸液标本等，这些植物标本的制作方法也与滴胶、浮游瓶等艺术创作形式相结合，便发展出了新的植物艺术创作形式。

第三节

植物艺术 发展的新方向

随着材料和工艺的发展，艺术家们有了更多将植物与艺术结合起来的灵感，他们创作的作品也给了我很多启发。

从2014年开始，荷兰视觉艺术家安吉利克·范·德·沃克（Angelique van der Valk）用以蔬菜为基础的有机材料进行了艺术创作。原料包含西蓝花、芦笋、卷心菜、红薯和防风草等蔬菜废料，经压制和风干后，便创作出了一件件赏心悦目的高对比度的抽象构图。这位艺术家用蔬菜作为独特的创作素材创造出了自己的植物美学世界。

波兰艺术家罗扎·雅努什（Roza Janusz）则利用植物设计了一种塑料食品包装的替代品。这种替代品的材料是通过萃取植物的发酵成分产生的，然后加入了一些凝固剂使其定形。这样新型的食品包装袋适合用来储存干燥或半干燥的食物，如种子、坚果、香草和沙拉等。这种包装袋本身是可以食用的，也可以通过堆肥来达到降解，这对环境保护来说无疑是有积极意义的。

这些艺术家不仅创造了植物艺术的新材料，更重要的是，他们将环保与美学结合了起来。植物经由他们的创作，不再是仅供观赏的艺术品，而是以新的形式融入了人们的生活，让人们有了更多既美观又环保的消费选择。

在接触和研究植物学的5年时间里，我对于艺术与美的认知也有了非常大的改变。我以前对植物艺术的认识，只停留在这是一种手工的、区别于批量生产的艺术创作形式。当我了解了生态系统和环境的关系之后，我才明白植物艺术也可以改变我们的生活方式。比如，在使用化学原料工业化生产衣服的过程中，漂染衣服对水资源造成了极大的污染。如果我们能把纯天然的植物染艺术与人们的生活方式相结合，则既能满足人们的消费需求，又不会对环境造成破坏。可以说，与环保相结合，与生活方式相结合，是植物艺术发展的新方向。

第四节

我的植物艺术创作

如今，工业文明已经非常发达，但与过去相比，似乎又缺少了一些什么。城市里高楼林立，机械化制品充斥着人们的生活，许多传统手工艺逐渐离我们远去。然而，无论外界怎样变化，植物依旧美丽地绽放着。创作植物艺术，就是我向植物学习的方式，学习它的自然之美，学习它的返璞归真、生生不息。与此同时，我也希望植物之美能被更多的人看到，能真正地融入人们的生活中。

我希望我的植物艺术创作能满足大众的审美和需求，为此我进行了很多探索，也取得了一些成果。

压花装饰画和贺卡

压花创作

压花是一种非常环保的创作手法，充分利用了大自然的馈赠。用这种方式创作的作品能充分展现植物本身的线条美、形态美，既能装点生活，又非常环保。

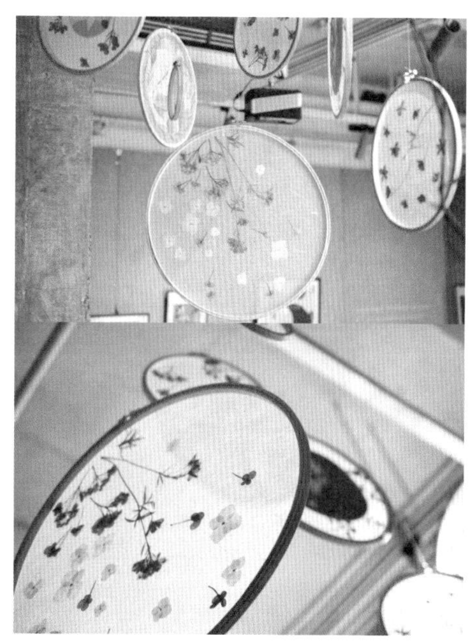

我和好友光雅发起的“光之旅”展。

利用蚕丝拉丝后形成的自然肌理与压花结合的一幅作品。

压花团扇

这个压花标本书签是我在压花课上为学员准备的伴手礼。选择了应季花卉来设计书签，让学员的体验感更深刻。

压花手工标本收纳册

压花的设计既可以起到很好的装饰效果，又可以当作收集标本的索引，结合欧式穿线的书籍装帧方式，可以将更多的植物标本收纳其中。

滴胶创作

滴胶的可塑性非常强，把植物封印在滴胶里，能制作成各种各样的生活用品，让植物艺术以各种形式融入人们的生活中。

茶树菇是餐桌上的一道美味，应用滴胶工艺将茶树菇封存起来做成杯垫，给下午茶时间增添了不一样的趣味。

滴胶工艺的笔记本

滴胶工艺的镇纸

镶嵌滴胶工艺的手工笔记本封面特写

封面运用滴胶工艺的手工笔记本

滴胶饰品

叶脉染创作

工业染色在我们的日常生活中被广泛使用，其产生的废弃物对环境造成了严重的污染。而传统的植物染色法，既能增加制品自然色彩的美感，也能让我们的生活变得更加环保。叶脉染便是传统的植物染色法之一。

手工本的封面采用了叶脉染和茶树菇滴胶工艺。

叶脉染丝巾

叶脉染与镶嵌滴胶工艺结合的手工笔记本

叶脉染手工精装本

蓝晒创作

蓝晒工艺是一种独特的传统手工印相工艺，人们将这项工艺与植物结合后，不仅不突兀，反而呈现出了独有的艺术美感。可见，传统与现代、科技与自然之间的融合，有着非常多的可能性。

将各种关于植物创作的技法融合运用，能创作出更多的作品。这些作品让兼具环保和美观的植物艺术真正融入了人们的生活中，被人们所使用。

蓝晒工艺的手工本

为了突出蕨类植物优美的线条，我将蓝晒工艺与滴胶工艺相结合创作了以上作品。

蓝晒工艺的信封袋

飞燕草蓝晒工艺信封袋

植物艺术创作的工艺

植物与我们的生活的关系越来越密切了。

一方面，都市的绿化越来越好，小区里、马路旁，随处可见各种花卉。比如春天的山桃花、杏花、迎春花、日本早樱，夏季的荷花、木槿、蔷薇，秋季最有代表性的菊花……虽然我们生活中见到的植物大部分是人工栽种的，但也能激起人们对植物的兴趣和情感。

另一方面，随着人们审美的普遍提升，植物也成为大家装点家居、美化心情的道具。无论是网店还是实体店，都为人们提供了购买植物的便利条件。

自从事植物艺术创作以来，我发现喜欢植物艺术的人越来越多。毕竟，鲜花的盛开只是一时，绿植也有着由盛转衰的生命周期，而植物艺术却能把这些转瞬即逝的美保留在一个个作品中，在装点生活的同时，亦能陶冶心灵。

如果你也想加入植物艺术的创作之旅，那就跟我来一起学习植物的创作工艺吧。工艺越娴熟，创作越自由。

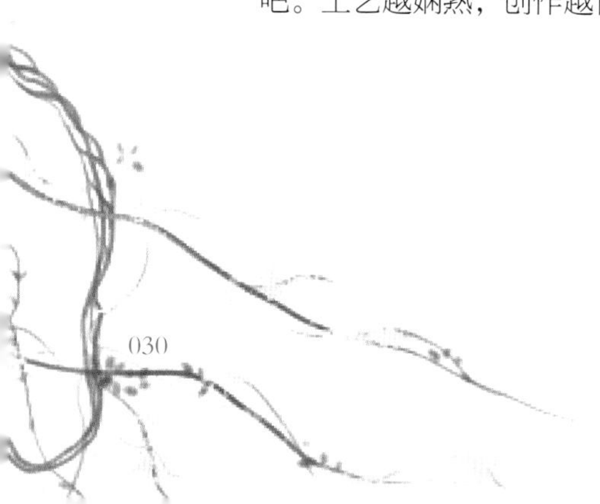

第一节

植物标本制作工艺

掌握植物标本制作的工艺是开始植物艺术创作的第一步。每一片叶子、每一朵花都是独一无二的，用标本凝固时光，本身就是一种美的体验。标本也是很多艺术创作的原始素材，压花、滴胶、无影胶等创作工艺，都必须用标本作为素材。不断搜集制作的各类干燥标本，可以为我们提供源源不断的创作灵感。

植物标本制作的工艺分为采集、脱水、收纳等步骤，下面我会分别进行演示。

一．植物的采集

1. 采集地点的选择

因为植物艺术创作多以花冠为造型，所以通常将采集素材统称为“花材”。花材的采集主要包括市场采买和山野采集两大途径。

（1）市场采买。通过购买鲜切花（从活体植株上切取的，具有观赏价值的茎、叶、花、果等植物材料）获得花材，是我推荐的首选方式。市场采买的方式耗时短，效率高，且能获得品相良好的花材。在购买的过程中，选品非常重要。每一位花店老板几乎都会说自家的花材是最新鲜的，这时候你可以根据切花的切根位置判断花材是否真的新鲜。如果花材采摘的时间比较久，花的切根位置会微微发黄，呈枯萎状态。挑好花材后，在打包时应尽量让店家注意保湿，以保证将花材高品质地带回家。

（2）山野采集。如果花卉市场的植物品种不够丰富，我们就需要去山野采集花材。在野外采集花材时需要注意采集地是否有比较丰富的植被，植物的状态是否良好，且不要随便采集特殊种类的植物，因为它有可能是濒危物种或新发现的物种。同时，还要注意遵循采集平衡的原则，防止过度采集造成生态破坏。最后要注意采集地的交通是否便利，是否方便补给，另外要做好发生意外时的救助准备。采集时间应尽量选择早晨，因为此时植物的状态最佳。

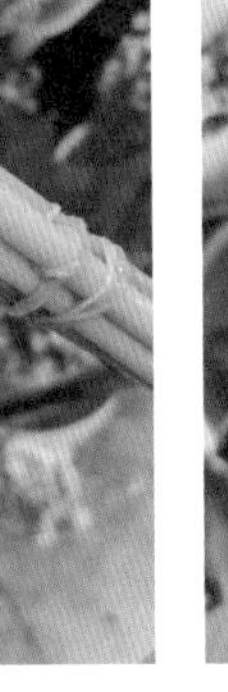

茎切口新鲜干净。　　　　切口和花瓣尖都已泛黄。

采集地为河北省邢台市附近的太行山脉，植物为钩齿溲疏。

2. 采集要求

制作精美的标本对植物的品质要求非常高，应在植物最新鲜的状态下采集。比如采集花冠，应该在早上花朵刚刚开放的时候，不要选择有病斑或残败的花朵，也不要选择露水比较多或者雨天被打湿的花朵，因为这样压制时不太容易干透。当然，如果我们想要的艺术风格是枯败或者残缺型的，也可以选择枯叶或者残花这样的花材。在花店购买花材时，店家通常会对其进行保鲜处理，方便购买者带回家。

二．植物的脱水法

1. 压制脱水法

压制脱水法是最常见的一种植物标本制作方法，很多人小时候都有过把花朵和叶子压在书本里的经历。使用专业的压花板可以快速脱去植物里的水分，收获造型优美、具有平面设计感的标本。

压花所需的工具有吸水板、隔离棉、压花板、竹质裁纸刀等。

厚的吸水板可用来压制花冠厚重的重瓣植物，比如非洲菊、波斯菊。像山桃、山杏、迎春花、桔梗、飞燕草等花冠较薄的植物，便可以使用薄的吸水板。

左边为5毫米厚的吸水板，右边为日本进口的吸水棉。

左边为3毫米厚的吸水板，右边为隔离棉。

吸水板吸过水后呈潮湿状态，若想重复使用吸水板，可将其放到烤箱内烘烤，温度控制在100℃以内，把烤箱的上下加热管关闭后再进行烘烤。烘烤时间根据吸水板的湿度而定，一般控制在30分钟以内。烘干后的吸水板要密封储存。

隔离棉其实是人造棉，在过滤水的同时也起到了隔离吸水板的作用，方便我们取出标本。切记，隔离棉是不可以烘烤的。

压花板由两块木板、四个螺丝组成。板上的四角有四个孔，用来固定螺丝。

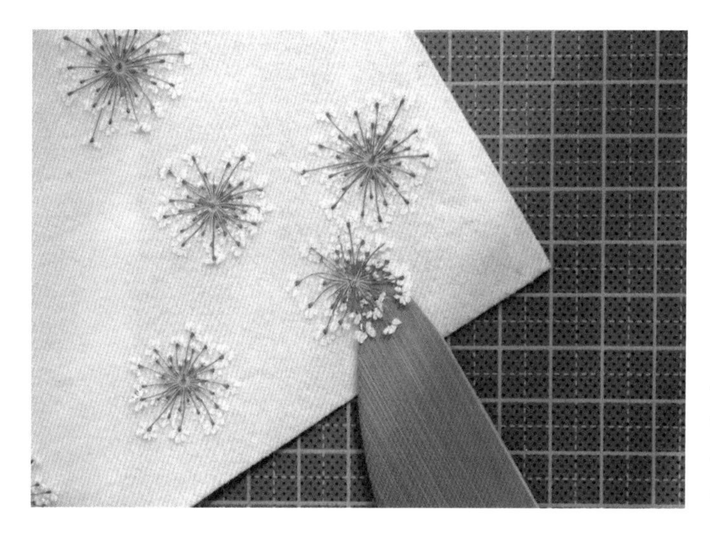

花瓣脱水后会粘在隔离棉上，这时候用镊子夹容易碎，自制的竹质裁纸刀是分离它们最好的工具。

（1）压制非洲菊的步骤

观察花冠，并修剪掉花茎。如果想保留花茎，也可以将其剪下来单独进行压制。

铺好一层隔离棉，在上面摆好非洲菊的花冠。将花冠正面朝下是为了重心稳、成形好。

铺满花冠后，盖上隔离棉，上下两面都加上吸水板。一般选择5毫米厚的吸水板来处理花冠厚重的花材。

可以将多层吸水板进行叠加，外面再套上塑封袋。一般以花材放在上下两张隔离棉中间为一个基本单位，用两张吸水板夹住一个基本单位，就形成了对一层花材脱水的组合，即吸水板—隔离棉—花材—隔离棉—吸水板的组合。若要同时对多层花材脱水，组合方式为吸水板—基本单位—吸水板—基本单位—吸水板，依次类推。

最后一步，在塑封袋外面压上压花板。加压是一个力气活，当然加压也要适度，以防把花材压坏。

随着水分的消失，花材会越来越薄，因此最好每天都检查一下，若发现螺母松动要及时拧紧。如果每天都拧紧一点，最后压出来的花形会更加平整。一般可在4天后打开压花板查看花材脱水的状况。

（2）压制波斯菊的步骤

观察花冠、花茎。此花的花茎为草质且细。

用剪刀剪下花冠，平铺好，上下分别铺隔离棉，然后铺吸水板，用3毫米厚的吸水板即可。

多层吸水板叠加起来后，外面套上塑封袋。

此处用小的压花板加压，每天拧紧一次螺丝，直至完全脱水。一般可在4天后打开压花板查看花材的脱水状况。

花材完全脱水后会紧紧粘在隔离棉上，用自制的竹质裁纸刀小心取出脱水后的花冠。此时隔离棉和吸水板还粘在一起，可以稍微搁置一段时间，吸收空气中的水分有助于隔离棉和吸水板分离。

（3）蔬菜类植物脱水

这里需要特别说明一下，蔬菜的压制方法与非洲菊和波斯菊的完全一样，唯一不同的是隔离棉的材质，压制蔬菜使用的是一种近乎无纺布的隔离棉，类似鞋盒里的内胆袋。

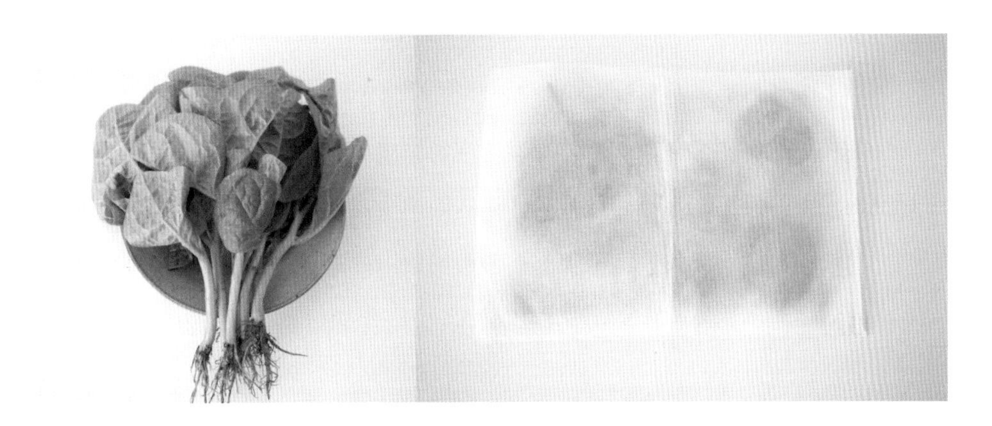

2. 干燥脱水法

干燥脱水法是一种对花材不施加压力的脱水方式，主要分为两种：一种是自然风干，在大自然中就能采集到这样的标本；还有一种是采用干燥剂脱水，把干燥剂和植物一同埋入密封罐中一段时间，即可完成脱水。用干燥脱水法制作出来的花材，可以保持植物原本的颜色和立体姿态。

此种方法所需的工具及材料有干燥剂（二氧化硅）、金刚粉或金刚珠、密封罐、筛勺、托盘。

干燥剂选用硅胶干燥剂，主要成分二氧化硅是一种高活性的吸附材料。这种干燥剂的内部为极细的毛孔网状结构，这些毛细孔能够吸收水分，并通过其物理吸引力将水分留住，因此这种干燥剂在各个行业内被广泛使用。硅胶干燥剂具有很强的吸附性，对人的皮肤能产生干燥作用，因此在使用时最好戴上护目镜。

干燥剂　　　　密封罐、筛勺、托盘

金刚珠或金刚粉和干燥剂混合在一起，可以用来填充和帮助干燥植物定形。金刚粉成形好，但使用时需要佩戴口罩。金刚珠则容易在花瓣上留下痕迹，同时珠子比较小，容易滚得到处都是。

波斯菊的干燥脱水步骤

材料准备

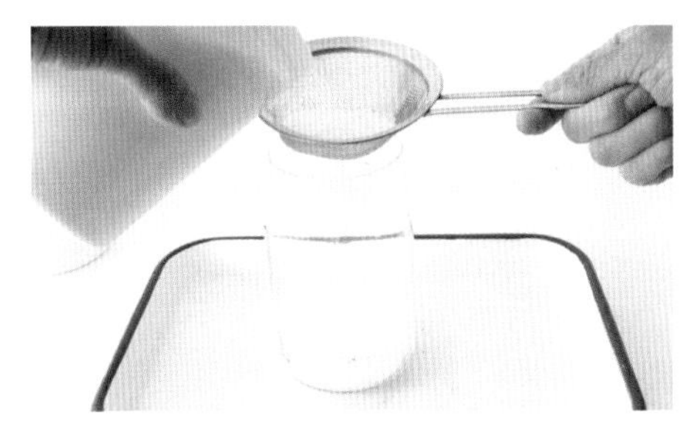

先在密封罐的底部垫一层金刚粉，然后再放一层干燥剂，或者提前将干燥剂和金刚粉混合在一起，放入密封罐的底部。

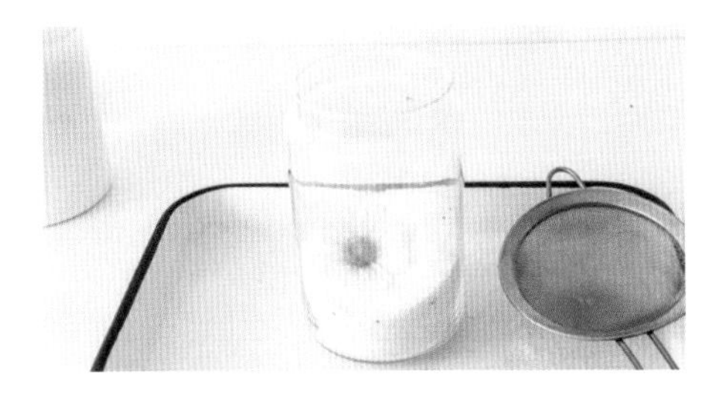

接下来，在密封罐中放入波斯菊，然后一点点倒入干燥剂。

直至波斯菊被干燥剂完全覆盖。

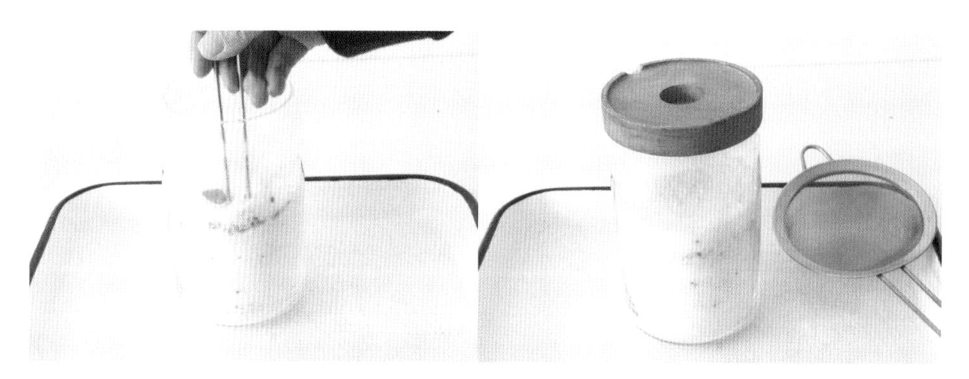

最后把密封罐盖好。以北方干燥的天气为例，静置3～5天后便可将标本取出备用，若是南方相对湿润的天气，静置时间则需适度延长。

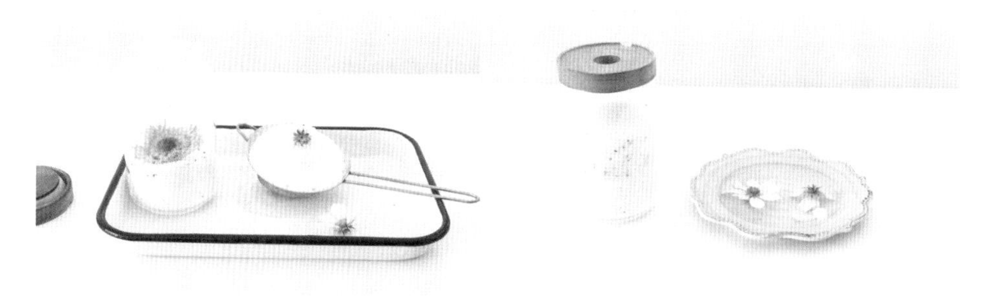

脱水后的波斯菊

在这里要特别注意的是，从密封罐里取出来的标本，无论南北方其实都需要密封保存，不然容易发霉或者返潮，所以此种工艺常常用作滴胶前的处理。

干燥剂可以放入烤箱烘干后继续循环使用。不建议用微波炉进行烘烤。

第二节

压花工艺

压花是在植物标本制作基础上发展而来的一种植物拼贴艺术。压花的素材来源于大自然中的植物，其制作步骤主要分为脱水和粘贴。脱水使植物保持原有的色泽和形态，而粘贴则考验创作者的审美品位和艺术构思。最终完成的压花作品，是大自然之美与艺术创作之美的完美结合。

一．压花的艺术风格

压花风格多样，有田园风、写意风、浪漫风、简约风、中式风等。日本的杉野宣雄是写意风格的代表，其作品飘逸、冷峻、独树一帜。

田园风

选用饱和度不高、花瓣偏暖色的植物，搭配宣纸，一幅田园风的作品就完成了。

禅意风

图中的作品以蓝色作为主要色调，搭配的植物选择在方向上有张力、有延伸感的，再用其他草质茎植物（茎干柔弱，个头较小的植物）填充中间的空白，颜色上选择与纸色对比不强烈的颜色，相对柔和的背景可以更加突出主色调。

简约风

选择蕨类植物与白色水晶菊这两种常见的植物作为搭配，适合新手入门，在设计构图时平均搭配即可，避免相邻植物对称的情况出现。

二．压花明月灯的制作

1. 准备工作

制作压花明月灯的材料及工具有台灯架、底座、特种手工纸（较薄，约30克重）、飞燕草、蕾丝花压花标本（也可选择其他薄款花瓣的植物）、浆糊、刷子。

提前在灯罩架子上裹上纸，有助于增加牢固性，只有轻薄的植物标本才适合用此方法。比如棣棠、飞燕草、水仙、大阿米芹等。

2. 制作步骤

（1）确定造型。先在空白纸张上用压花标本摆出喜欢的造型，并用手机拍下来做记录。造型的核心在于保持一定的韵律节奏，而不是完全对称，这种构图法在国画中常常用到。

（2）制作灯罩。先用喷壶喷湿纸张，待纸张服帖后，再均匀地刷满浆糊。因为纸张比较薄且有纤维，所以刷浆糊时要注意顺着纸张的肌理方向刷。然后在刷好浆糊的纸面上，按照设计好的造型摆放压花标本，先粘蕾丝花，再粘飞燕草。飞燕草的颜色较重，可以在灯罩上方环绕点缀。

在飞燕草和蕾丝花上，再罩一层薄透的柔纱纸（约20克以内），可以有效防止褪色。

（3）等待纸张晾干。纸张快干的时候，轻轻掀开纸的一角动一下，在上面罩一层油蜡纸并加上重物。等待纸干的空档期，我们可以处理一下灯罩架。因为灯罩架是光滑的，所以需要在灯罩架的上下两个圈裹一层纸，防止打滑，也能起到加固压花灯罩的作用。

（4）固定位置。压花纸晾干后，将其粘在灯罩架上。起始位置固定在灯罩架的横梁上，这是为了使起始位置的接缝处更加隐蔽。固定好起始位置后，再逐步操作，将压花纸全部固定住。然后用剪刀在压花纸的上下两边剪出齿轮状，刷上浆糊向内粘好，固定住上下两头。将制好的灯罩罩在台灯上即可。

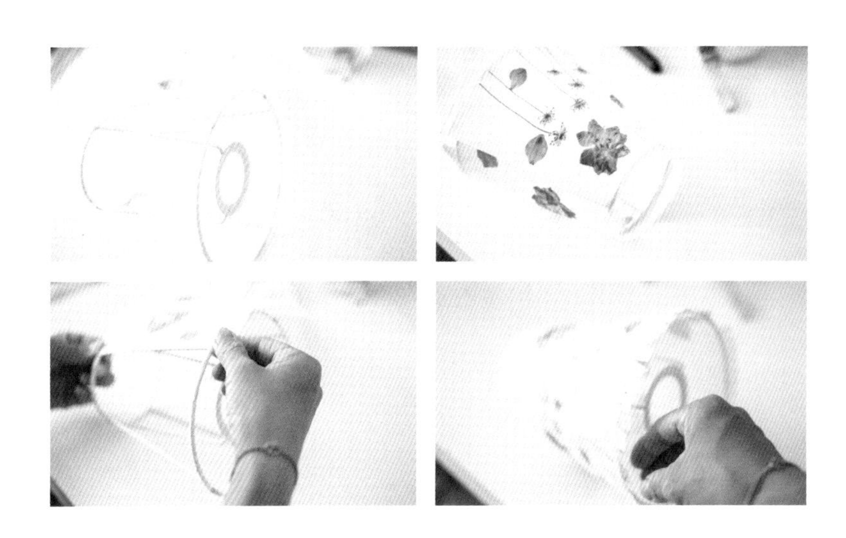

底色的肌理与花相呼应，使作品更加灵动，在收边时要注意整齐。

三．压花装饰画的制作

1. 准备工作

制作压花装饰画的材料及工具有康乃馨压花花瓣、画框、锡纸、干燥剂、透明胶等。

压花装饰画作品

2. 制作步骤

（1）制作压花装饰画。

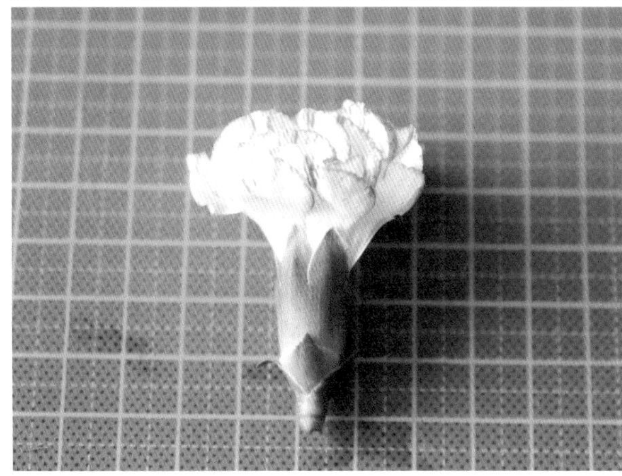

观察盛开的康乃馨的花朵形态，以此作为参照拼贴压花花瓣。可以多层重叠，展示出花瓣的层次感。

加上花茎部分。

加上其他配花，完成一幅压花装饰画。

（2）装裱步骤。

为了长期保存压花作品中的花材，需要制作一种压花密封装置。这种装置包含载体板、铝箔纸、密封条、干燥剂、脱氧剂及防褪色的透明玻璃板等材料。

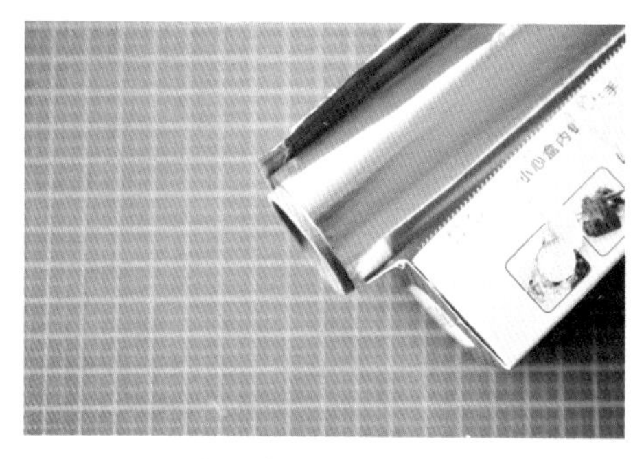

锡纸可密封在压花画背面，形成一个密闭仓。

干燥剂放在压花画背面一起托裱，背面放入防潮剂后用锡纸包起来。

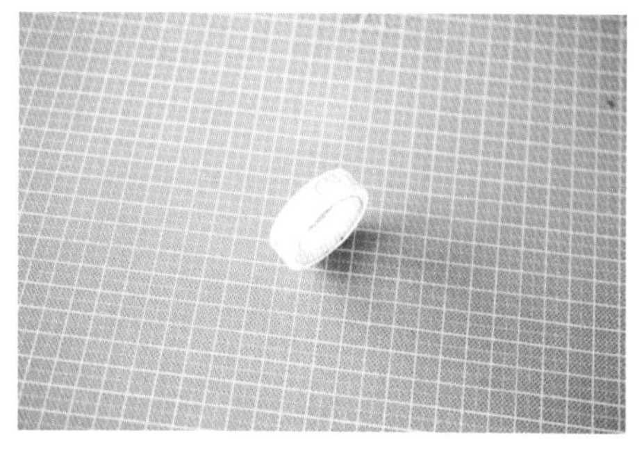

用透明胶带密封锡纸，使整个压花画背面形成一个密闭空间。

这块有机玻璃板的一面刷了防晒膜，压花画最好用防变黄的玻璃罩起来。

准备好需要装框的画框，以及封在一起的背板——较为厚重的卡纸。干燥剂要放在背板卡纸和画之间。正面不直射阳光的情况下，画可以保存3~5年。

用胶带把锡纸从背面将画包起来，然后就可以装框展示了。

第三节

滴胶工艺

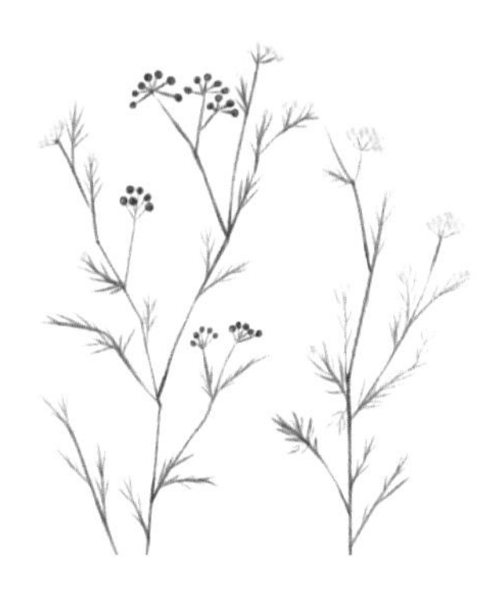

滴胶又叫作环氧树脂水晶滴胶，其固化产物具有耐水、耐化学腐蚀、晶莹剔透之特点，可对工艺制品表面起到良好的保护作用，还可增加其表面光泽与亮度，进一步增加表面装饰效果。

植物经过脱水后被制成标本，如果是采用干燥剂脱水法，植物基本能够保持原来的色泽和形状，但保存的时间较短。若想让植物标本保存的时间更长，我们可以采用浸泡的方式，也可以采用滴胶的方式。姿态万千的植物被封闭在一个透明的空间里，既最大限度地保留了植物的本来面貌，又体现出一种秩序美。

滴胶便于塑形，使用不同的模具即可制作出不同形状的滴胶作品。采用滴胶工艺，我们可以将植物标本融合到文具、首饰等各种物品中，使其更长久地留存在我们的生活中。

一．滴胶镇纸的制作

可以用抛光膏将镇纸表面抛光。

1. 准备工作

滴胶制作所需的材料及工具有滴胶（A胶和B胶）、脱水干燥后的波斯菊、搅棒、硅胶量杯、可降解一次性纸杯、热水壶、电子秤。

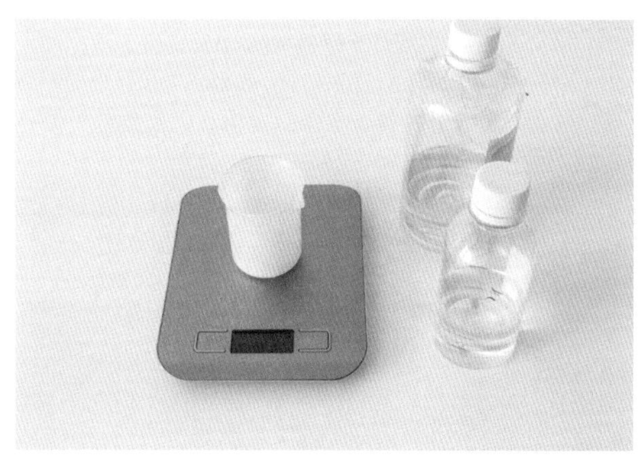

小瓶为A胶，大瓶为B胶。

硅胶量杯、一次性纸杯和家用烧水壶。

2. 制作步骤

用电子秤称出A、B胶水的重量，配比比例为A：B=3：1。热水浸泡后，用搅棒顺时针搅拌，直至拉丝消失，液体需变得透明无气泡。

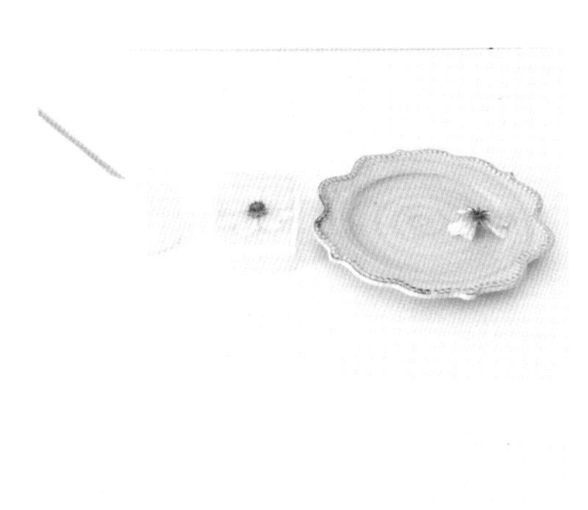

在模具中放入脱水后的波斯菊。

第一次注入一半胶水并放入标本。我用的是24小时凝固的滴胶，所以有充分的时间进行操作。约在4小时后注入第二次滴胶。干燥的标本浸入液体后有气泡反应是正常的，个别气泡可以用打火机烧一下。

3. 抛光步骤

滴胶干燥脱模后，有时候外形不是特别规整，这时，我们可以用砂纸进行打磨，修饰外形和抛光。

一开始可以用400目（指每英寸筛网上的孔眼数目）的砂纸打磨，然后依次提升到600、800、1200、2000、3000、5000、7000目，最后再用抛光研磨膏。

确保每个部位都被打磨到，且手感逐渐轻松不吃力时再更换更高目数的砂纸。

用砂纸蘸水打磨，跟打磨玉石有点像，但滴胶比玉石的硬度低，需要更多的水。打磨好之后，再上一层木蜡油。没有木蜡油的话，可用食用橄榄油代替。

第四节

叶脉染工艺

颜色是大自然的馈赠。在化学染料出现之前，人们从植物中提取色素来进行染色，这就是传统的草木染。自然界的花草树木是天然的染料，比如，黄色系的有姜黄、栀子花等；红色系的有苏木、红花、茜草等；蓝色系的有蓝草等；棕色系的有薯莨等。

当然，随着现代工业的发展，植物染逐渐退出了我们的生活，变成一种小众的艺术创作方式。而我创作的叶脉染作品，追求的不是从植物中提炼出某一种纯正的颜色，而是展现自然界最本真的色彩和形态。

我们知道，自然界几乎没有形态和颜色完全一样的叶子，甚至同一片叶子在不同的季节里也会有不同的颜色。常绿植物的叶子色素水平会随着植物年龄和生长条件的变化而变化。即使在同一棵树上，从不同部位采摘下来的叶子也会呈现不同的颜色，因为它们接受的光照量不同。而落叶植物的色素的变化表现得更为明显。秋天落叶植物的叶子纷纷变了颜色，而且红、黄、绿几种颜色常常汇集在一片叶子上。

叶脉染工艺简单来说就是通过蒸煮萃取叶子中的单宁（酚类化合物，具有抗氧化作用），然后把植物叶子的形状和色彩染在面料上。每年8月可以尝试印染槭树叶，9月可以尝试印染黄栌叶。若在南方的话可以尝试印染乌桕（jiù）叶、桉树叶等。无论哪一个季节，叶脉染都能为你留下独属于自己的一份记忆。

一．叶脉染丝巾的制作

1. 准备工作

制作叶脉染丝巾的材料及工具有黄栌叶、丝巾、青矾（七水合硫酸亚铁，可加快发酵）、水、锅、电子秤（可无）、塑料膜、木棍、棉绳（用旧T恤撕成条状最佳）、锡纸。

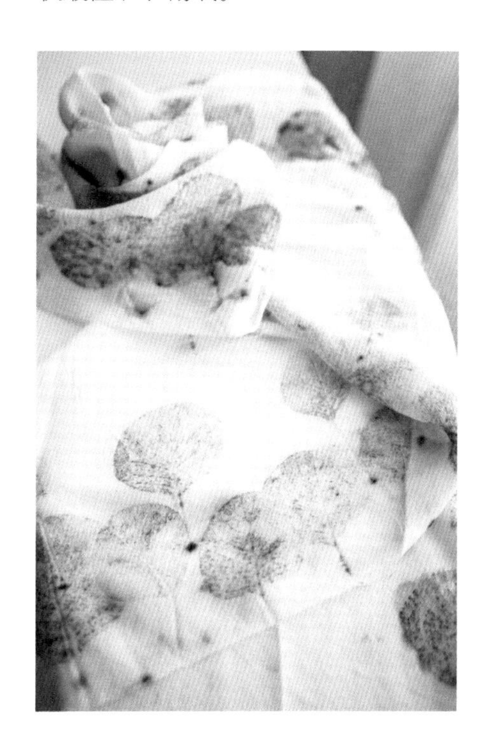

黄栌叶叶脉染真丝丝巾

2. 制作步骤

因为黄栌叶的表面有一层绒毛和油脂，导致叶面很脏，所以需要用刷子轻微刷洗一下。

在锅中放入2000克水，然后放入10克青矾粉（也可以用铁锈）。

将水加热化开青矾粉后，闭火，待水冷却后放入黄栌叶。

将树叶浸泡6小时以上。浸泡时间可以适当延长，这样颜色会更鲜明。但浸泡时间若太长的话，叶子就泡烂了。叶子泡好后便可取出，冲洗掉表面的青矾。

用纸巾擦干树叶表面。

将真丝面料完全打湿，尽量拧干到不滴水。

准备好木棍和塑料薄膜。

将真丝面料铺平，摆上树叶，造型越自然越好。

在摆好叶子的面料上罩一层塑料薄膜，然后用木棍将丝巾卷起来。塑料薄膜可以防止卷起丝巾时出现交叉染的情况。

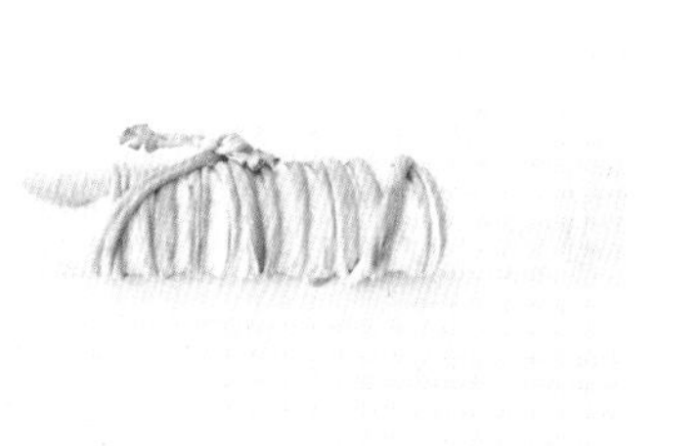

为了防止松散，最后用绳子系紧并固定。

在锅中盛上水，保证蒸40～50分钟不会烧干的水量。

最好在棍子的左右两侧包上锡纸，防止塑料薄膜在高温状态下粘在锅壁上。开中火上锅蒸不少于40分钟。出锅后将绳子解开，晾干后即可看到成品。

第五节

蓝晒工艺

蓝晒工艺在当代的普及率已经非常高了，很多人把它当作蓝靛染的替代方式。两者的作品有相似之处，都是在蓝色的背景上呈现出白色的花纹。但从成分和工艺上来看，两者是不一样的。蓝靛染是用从植物中萃取的染料，将布染成蓝色，而白色的花纹一般是用蜡画出来的，或者用线把布捆扎起来，防止染料进入而形成的。而蓝晒是第二次工业革命时发明的冲洗胶卷中用到的显影工艺。它利用铁离子在紫外线的照射下生成普鲁士蓝色调物质的特性得到了蓝色的背景，这是一种通过日晒成像的工艺，白色的剪影才是成像的部分。蓝晒也是学习古典摄影工艺的入门工艺。

蓝晒工艺早在1842年就已面世，看似复杂，其实操作起来十分简单，利用清水显影，无毒无害。在阳光这种不可控的自然因素下，能产生非常丰富的剪影效果，很有水墨画的感觉。蓝晒工艺的呈现方式有很多，除了能在纸面显影，还能在布、扇子、石头等介质上进行创作。

一．蓝晒纸的制作

1. 准备工作

制作蓝晒纸的材料及工具有艺术纸、植物标本、蓝晒药水、自来水、指甲光疗灯、有机玻璃板、夹子、盘子、碟子、刷子。

蓝晒药水分为A、B两种，买回来按1：1的比例调配，并搁置12小时以上，让其充分发生反应。注意搁置药水的瓶子需是避光材质。

在盘子里给艺术纸刷药水，可以防止药水弄脏操作台。

有机玻璃和两个夹子用来固定纸张和标本。

艺术纸选择水彩纸和宣纸最佳，这两种纸的吸水性能好。宣纸不要选择太薄的，在后面的制作中容易破损，效果不佳。

在室内操作时需准备光疗灯和吹风机，因为蓝晒需通过感光紫外线来完成作业，所以在室内可用光疗灯和紫外线灯照射，若在室外操作就不需要灯具，让太阳光直接暴晒就行。阴天也可以操作，适当延长曝光时间即可。吹风机是用来吹干蓝晒药水的。

2. 制作步骤

按照1：1的比例混合A、B药水，倒出已经搁置一夜的混合后的药水，用刷子均匀刷满纸的表面。

刷完后，等待约20分钟，让药水完全渗入纸里，再用吹风机吹干。注意避光性，可以用纸盒隔离，比如鞋盒。

拿出提前备好的千叶吊兰、飞燕草等标本，在玻璃板上按照水墨画的布局构图，疏密有致，尽量避免对称，但整体要有所呼应。

将刷有药水的纸倒扣在标本上，药水这面要紧贴标本。

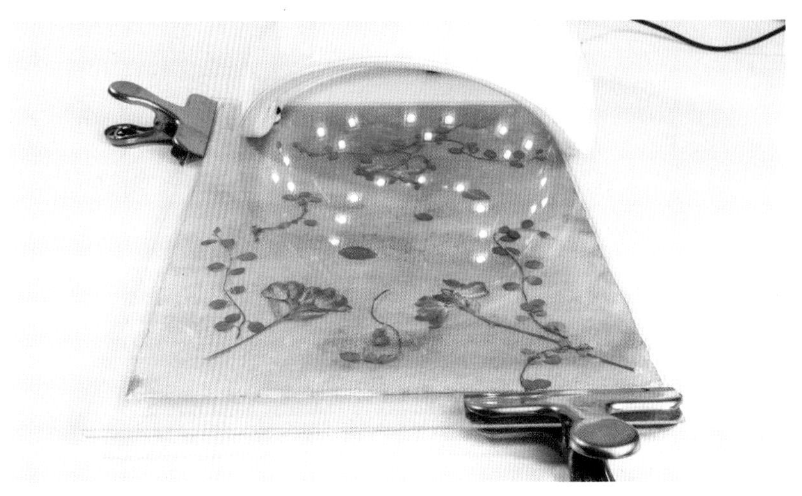

用夹子将边缘夹紧固定，取光疗灯照射。如果光疗灯不够大，可以对各个部分依次照射，整个照射过程大约需20分钟。如果是室外，可曝光半小时到一小时。

照完后移除标本，将药水冲洗干净，并自然晾干，一张蓝晒纸就完成了。

成品展示，中间露白的地方跟纸张的吸水性相关。这是一种随机效果。

常见植物素材

我观察植物是从居住的小区周边开始的，这样做有两个原因：一是为了取材方便，二是和我自己对美的认识有关。美好的事物不是只能去远方追寻，生活中出现的事物都有其美感，哪怕是身边不起眼的植物，只要我们善于发现和创造，都可以用它们装点生活，这也是我创作的初衷。

最初，我留心观察住所附近的街心公园。因为跑步，我把观察地点转移到了奥森公园。再后来，我又把观察地点转移到了翠湖国家城市湿地公园（以下简称“翠湖公园”）、北坞公园和北京大学未名湖畔等较为方便的地方。

奥森公园坐落在北京的中轴线上，是为2008年北京奥运会建立的便民湿地公园，里面有长达5千米的有氧跑道，中心有奥海湖，在湖的西北方向有一块著名的“潜流湿地”。这里是一个完整的生态区。相较之下，翠湖公园的环境则更为自然。由于每年的10月底到次年的3月底是翠湖公园闭园期，所以我们在去之前需要提前一周预约。北大未名湖畔不仅是学子们心中的圣地，湖边还种植了大量的植物：毛樱桃、山桃、榆叶梅、郁香忍冬、丁香、迎春和连翘，稍微远一点的旱地还种植了二乔玉兰、紫荆、碧桃、梅和海棠等植物，植物的种类非常丰富。北坞公园坐落在颐和园边上，曾经是皇粮直供地，从玉泉山上流下的泉水灌溉了北坞这块田地。如今，利用这一地理优势建成了街心公园，种植了适应当代气候的天人菊、荷花、紫薇和棣棠等植物。我们若想观察更原始的植物面貌，还应该去山区走走。我顺着北京中轴线往北行进，开始到距我居住地不远的山区去观察植物。这样的旅程一旦开始，便难以停下。

迎春花

小档案：

拉丁学名： *Jasminum nudiflorum*

科属： 木犀科　素馨属

花期： 6月

创作工艺： 压花纸、滴胶

观察地点：奥森公园南园

早春时节，漫步公园，迎春花是映入眼帘的第一抹亮色。它初开之时，枝条上尚未长叶，一朵朵金黄色的小花颇为显眼。待叶子渐渐长出，枝条变成绿色，花也开得越发繁盛，远远望去，可谓一片“金碧辉煌”。

迎春花之名，源于其开花时节。明代高濂在《草花谱》中记载：“迎春花，春首开花，故名。”自古至今，人们欣赏迎春，也多因一个“早”字。唐代诗人白居易赠予好友刘禹锡的《代迎春花招刘郎中》一诗中写道：“幸与松筠相近栽，不随桃李一时开。杏园岂敢妨君去，未有花时且看来。”宋代赵师侠《清平乐》写道：“纤秾娇小，也解争春早。占得中央颜色好，装点枝枝新巧。东皇初到江城，殷勤先去迎春。乞与黄金腰带，压持红紫纷纷。”纵然此后百花争艳，也不及迎春花在万物蛰伏之时，带给世间最初的生命力的震撼。

迎春花的花色秀丽，耐阴耐寒，且容易扦插成活，往往成为都市绿化带观赏植物的首选，公园里、马路边、小区里，几乎随处可见。我时常被迎春花交错的枝条打动，一直想要拍摄出心中最完美的照片。为此，我穿梭于不同的地点拍摄，居住的小区、奥森公园、北坞公园都留下了我的足迹。最终，经过反复地对比拍摄角度，以及向摄影名家请教，我发现在拍摄迎春花时应该对焦在中间靠前一点的位置，而不是把最近的花朵作为焦点，这样才能拍出虚实错落的层次感。

想来艺术创作都是如此，只有不断地变换距离和视角，才能找到属于自己的最佳表达方式。

连翘

小档案：

拉丁学名： *Forsythia suspensa*

科属： 木犀科　连翘属

花期： 3—4月

创作工艺： 压花纸、滴胶

观察地点：北坞公园

我在北坞公园观察连翘时，正赶上傍晚时分。夕阳的余晖洒在黄澄澄的花枝上，把那一丛张牙舞爪的枝条衬托得越发张扬。我很想把这个画面拍下来。可惜，我试了各种拍摄角度，仰视、俯视都不理想，最终也没能拍出我想要的意境。后来，一位摄影名家对光的应用启发了我。原来光线的强弱是如此重要，暗光可让那份枝条的张扬也变得柔和温婉起来。

我发现很多人分不清楚连翘和迎春花。想来两者一前一后进入盛花期，又时常种在一起，所以很多人便把两者一概唤作“迎春花”了。其实它们之间很好区分。迎春花的枝条暗绿有棱，枝条内部是充实的；而连翘的枝条呈黄褐色且枝条内部是中空的。

连翘的得名与其花瓣无关，而是因为果实的形状。《尔雅注疏》记载：“大翘，叶狭长如水苏，花黄可爱，生下湿地，著子似椿实之未开者，作房翘生出众草。”李时珍在《本草纲目》中采用了这种说法：“本名连，又名异翘，人因合称为连翘矣。”

也许是因为连翘的名字总是变来变去，古人咏连翘的诗很少。明代杨巍的《平定李侍御应时予之同年友也曾视予病感之寄此》一诗曰：“前年视我山中病，落日独骑骢马来。记得任家亭子上，连翘花发共衔杯。”无论你是否听过连翘之名，只要看到那金黄的花开，便知道春天来了。

棣棠花

小档案：

拉丁学名： *Kerria japonica*　　**科属：** 蔷薇科　棣棠花属

花期： 4—6月　　**创作工艺：** 压花纸、滴胶

观察地点：奥森公园、昌平区新城滨河森林公园

说来我喜欢黄色的缘由特别有趣，小时候有件黄色的套头卫衣，穿着特别显精神。恰巧我是春天出生，春天北方黄色系的花卉特别多，从此我认为黄色是我的幸运色。每年春天，除了迎春、连翘，棣棠花也是让人印象深刻的一种拥有黄色花朵的植物。

作为一种常见的园林观赏植物，棣棠的花有单瓣和重瓣之分，其中单瓣为野生，在城市中特别少见。我在奥森公园连续观察了两年，看到的多是重瓣的棣棠花，花瓣层层叠叠，簇拥成一个金色的小圆球，繁盛极了，花期也长，有些植株直到9月入秋依然零星开花；在南方更甚，10月还能见到它的身影。后来我去了昌平区新城滨河森林公园观察，才有幸碰到单瓣的棣棠花。

我喜欢把棣棠花做成压花纸，用这样的纸写日记、写信都非常风雅，这是自古就有的仪式感。日本古典文学名著《枕草子》中，作者清少纳言记录自己曾经收到过一封夹着棣棠花瓣的信，写着“不言说，但相思”。

在中国诗人笔下，南宋诗人范成大以“绿地缕金罗结带”写出了棣棠花的色彩，分外贴切。而北宋皇族高士谈则在亡国后感叹：“流落孤臣那忍看，十分深似御袍黄。”同一种“棣棠色”，终是在人们心里激起了不一样的涟漪。

山桃

小档案：

拉丁学名： *Prunus davidiana*

科属： 蔷薇科　桃属

花期： 3—4月

创作工艺： 压花纸、滴胶

观察地点：奥森公园南园、北大未名湖畔

自古以来，桃花的意象因为诗人的不断吟诵在人们心中占据了重要位置。“桃之夭夭，灼灼其华”“去年今日此门中，人面桃花相映红”“人间四月芳菲尽，山寺桃花始盛开”“竹外桃花三两枝，春江水暖鸭先知”“西塞山前白鹭飞，桃花流水鳜鱼肥”……光是课本上学过的就已数不胜数。于是，桃花成为春天的花卉里人们印象最深刻的一种。

古人所说之桃花，包含较广，有时指可食用的桃，有时也指山桃。山桃是属于北方的原生植物，野生山桃多生长在裸露的山坡之上。在城市里，人工栽种的山桃成了春天里最早绽放的木本植物。山桃开花早，3月上旬花朵就开始绽放，此时枝头尚未长叶。浅浅的粉色或白色，远看如一片淡淡的云霞。到了4月，花朵开始凋落，绿色的叶子也长出来了，又是另一番春意。

记得我初次在回龙观的小区绿化带拍摄时，画面里最出挑的植物就是山桃，不仅花儿有一种优雅的魅力，其身姿也别有风韵。枝条上的每一个节点都有可能生长出芽苞，最终形成一种曲折而坚韧的质感。怪不得古人要写那么多诗来感叹它的美。

毛樱桃

小档案：

拉丁学名： *Prunus tomentosa*

科属： 蔷薇科　李属

花期： 4—5月

创作工艺： 压花、滴胶

观察地点：北大未名湖畔

我第一次关注毛樱桃，源自和中科院北京植物研究所的老师一起进行的一次观察。这种花很小，花冠展开后直径只有大约2厘米，花瓣小巧而圆润，可爱极了。整棵树上的枝条都呈现出一种俏皮的弯曲状，加上挤了满满的花朵，像是烫过的满头卷发。

我以前只知樱桃，却不知毛樱桃，特意去查了些资料，才知道它和各种樱桃、樱花都是樱属的姐妹，不但能开出美丽的花朵，还能结出圆润鲜红的小果子。这种果子也叫山樱桃、梅桃，据说味道酸酸甜甜的，还能用来酿酒。

毛樱桃原产于中国，生长在东北、华北、西北和西南等地，也许是后来被江苏等地的园林引种栽培，并传到了国外，因此它在英文里的俗名是 Nanking cherry（南京樱桃），另外，还有“Chinese bush cherry”和“Chinese dwarf cherry”这两个英文俗名，意思是矮小的樱桃树。毛樱桃身材不高，最高也就能长到三米，甚至可以用来做盆栽植物，这两个英文俗名倒也贴切。

毛樱桃的花适合拿来做压花，我称它为迷你版的山桃花。两者虽然花形有区别，却同样给我留下深刻的记忆。

山杏

小档案：

拉丁学名：*Prunus sibirica*

科属：蔷薇科　李属

花期：3—4月

创作工艺：滴胶

观察地点：十三陵水库

若要说起古人喜欢吟诵的早春花卉，桃花算一种，杏花也算一种。北宋宋祁《玉楼春·春景》的词句“绿杨烟外晓寒轻，红杏枝头春意闹”，南宋叶绍翁《游园不值》的诗句“春色满园关不住，一枝红杏出墙来”，都将杏花的开放视作春天到来的标志。

所谓红杏，其实指的是杏花的红色花萼。杏花尚未开放的时候，花苞尚被花萼包裹，远远望去，枝头闪耀着点点红色，渲染着春天马上到来的喜气，怪不得诗人们喜欢描写这样的场景。待到花开，粉白的娇柔花瓣则展现出一种娇媚与柔弱。宋徽宗赵佶在《燕山亭·北行见杏花》写道：“裁剪冰绡，打叠数重，淡着燕脂匀注。新样靓妆，艳溢香融，羞杀蕊珠宫女”，语气中虽充满凄清伤怀之意，却也形象生动。

不过我观察的北京郊区的山杏，是杏的变种。杏花的花更白，花萼更殷红；而山杏花瓣的颜色偏粉红，花萼与花瓣的颜色较为接近。杏花的雄蕊略短于花瓣，而山杏的雄蕊与花瓣近等长。

大部分人在春天观察花卉时别说区分杏花和山杏，连如何区分桃花、李花、杏花、梨花、樱花这些，就已经够头疼的了。我的建议是，先去感受花带来的美，只有真心喜欢上这些植物，才能持续地去观察、学习。时间久了，观察多了，就能分清了。

西府海棠

小档案：

拉丁学名： *Malus × micromalus*　**科属：** 蔷薇科　苹果属

花期： 4—5月　**创作工艺：** 压花、滴胶

观察地点：沙河地铁站周边的绿化带

海棠作为中国著名的观赏树种，在各地都有栽培，变种很多。而在北京最常见到的，莫过于西府海棠了。

西府海棠因传产于晋朝西府而得名，也是北京四合院常见的观赏花卉之一。老北京人常将海棠与院内鱼缸中的金鱼联系在一起，取“金玉满堂”之意，因此海棠也被看作“发财树”，颇得商人和达官贵人的青睐。四月是西府海棠的盛花期，花未开时，花蕾艳丽，似胭脂点点，花开后，花瓣为渐变的粉红色，就像晚霞一样。花谢飘零之后，也无须遗憾。待到九月秋高气爽之时，鲜红的海棠果就会像小灯笼一般缀满枝头。

除了西府海棠，垂丝海棠在北京也较为常见。海棠开花以后，可以通过花朵的生长形态来区分品种，其实花萼、花瓣、颜色、形状都不同。最明显的区别就是，西府海棠的花梗相对垂丝海棠来说较短，通常5~7朵花围着一个点生长，形成一个伞形花序结构，看起来似乎是簇拥在一起。而垂丝海棠因为花梗长而细，花朵呈下垂状，仿佛是挂在枝条上一般，所以才有“垂丝”之名。

贴梗海棠（皱皮木瓜）

小档案：

拉丁学名：*Chaenomeles speciosa*

科属：蔷薇科　木瓜属

花期：3—5月

创作工艺：压花、滴胶

观察地点：昌平区新城滨河森林公园

古人云“海棠四品”，分别为西府海棠、垂丝海棠、贴梗海棠、木瓜海棠。虽然都带着“海棠”两个字，但西府海棠和垂丝海棠是苹果属，而贴梗海棠和木瓜海棠却是木瓜属。诗经中有“投我以木瓜，报之以琼琚”“投我以木桃，报之以琼瑶”之句，据说对应的就是这两种植物。

贴梗海棠的花柄很短，以至于贴近枝条，因此得名。贴梗海棠原产于我国中部，特别是四川一带，南宋陆游《春雨绝句》里的诗句“千点猩红蜀海棠，谁怜雨里作啼妆”指的可能就是贴梗海棠吧。它的开花时间比西府海棠和垂丝海棠略晚，且花期较长。不同于西府海棠和垂丝海棠的花朵给人柔美娇媚的感觉，贴梗海棠的花朵往往呈现耀眼夺目的鲜红色，如红宝石般镶嵌在点点绿光之中。

初看贴梗海棠时，这红艳艳的颜色在我的审美里属于土得不能再土的。然而对于艺术创作而言，其实没有难看的植物，只有不好的设计。跳出创作的舒适圈，对我而言是一个巨大的挑战，不过我还是努力去尝试了。仔细观察贴梗海棠，会发现，它的花瓣特别圆润，向里包围形成一个弧度，花瓣的橙红色虽饱满，但质感却是透光的，反而透出一丝雅致。只要掌握好色彩和形状的搭配，作品便能呈现出一种日本浮世绘的风格。

自从我挑战了贴梗海棠的创作之后，对于颜色饱和度高的植物便再也难不倒我了，连颜色明亮的非洲菊我都可以接受，作品库自然也就更加丰富了。

日本晚樱

小档案：

拉丁学名： *Prunus serrulata* var. *lannesiana*

科属： 蔷薇科　李属

花期： 3—5月

创作工艺： 压花、滴胶

观察地点：北京市昌平区某小区绿化带

中国古代的文人们留下过不少咏樱花的诗。唐代于邺的《白樱树》一诗写道："记得花开雪满枝，和蜂和蝶带花移"南唐后主李煜在《谢新恩·樱花落尽阶前月》中写道："樱花落尽阶前月，象床愁倚薰笼"。然而细究起来，古代的樱花和现代的樱花还不完全是一回事。古代的樱花也许指的是现在的山樱花或樱桃花。而现在的樱花品种相当繁多，数目超过300种以上，大多是通过园艺杂交衍生得来的品种。

据日本的《樱大鉴》记载，樱花原产于喜马拉雅山脉。我国在秦汉时期的宫廷中就已种植樱花，距今已有两千多年的栽培历史。经人工栽培后，樱花逐步传入中国的长江流域、西南地区等。我们现在在城市里观赏到的樱花，大部分都是人工培育的品种。

日本樱花根据花期早晚，大致分为两大类——早樱和晚樱。2月上旬到达花期，3月下旬吹雪（凋谢）的，称为早樱；3月上旬到达花期，4月下旬甚至5月吹雪的，称为晚樱。日本晚樱撑起了樱花界的半壁江山，花色从白色、粉色、到黄色都有，花瓣也有单瓣、半重瓣和至重瓣之分，形态各异，美不胜收。

关山樱是最常见的日本晚樱品种，一般在4月中旬到5月上旬开放，在我国也广泛种植。关山樱的颜色是正统的樱花粉，花朵是重瓣，花型非常硕大、华丽，完全符合人们心目中对樱花的浪漫想象。这类樱花最适合做压花纸。

紫丁香

小档案：

拉丁学名： *Syringa oblata*

科属： 木犀科　丁香属

花期： 4—5月

创作工艺： 压花

观察地点：昌平区新城滨河森林公园

4月是丁香盛开的季节，空气中飘散着浓郁的花香。真让人惊讶，那一簇簇淡紫色的小花看上去那么素净，香气却如此沁人心脾。

为什么丁香总是象征着愁绪呢？据说丁香花未开放时的花蕾似打结的形状，民间又称之为“百结花”。而古人认为，丁香花纤小柔弱，枝条常常纠结在一起，让人有一种百结不解，愁绪上涌的感觉。晚唐词人李珣的《河传》词云：“愁肠岂异丁香结？”诗人心中满怀愁绪，自然看花花也愁了。

除了紫色的丁香外，还有一种白色的丁香。清代的吴其濬在《植物名实图考》中记载：“按丁香北地极多，树高丈余，叶如茉莉而色深绿。二月开小喇叭花，有紫、白两种，百十朵攒簇，白者香清，花罢结实如连翘。”可见这两种颜色的丁香都是中国历来便有的。

梅

小档案：

拉丁学名： *Prunus mume*

科属： 蔷薇科　李属

花期： 冬春季

创作工艺： 压花、滴胶

观察地点：北大未名湖畔

中国古代的文人对梅颇为青睐。北宋王安石的《梅花》诗云："墙角数枝梅，凌寒独自开。遥知不是雪，为有暗香来。"南宋陆游的《卜算子·咏梅》词曰："无意苦争春，一任群芳妒。零落成泥碾作尘，只有香如故。"南宋的范成大在《梅谱》中赞梅花："梅，天下尤物。无问智贤愚不肖，莫敢有异议。"梅是中国十大名花之一，与兰、竹、菊一起列为四君子，与松、竹并称为"岁寒三友"。在中国传统文化中，梅以它高洁的姿态、坚强的品格，给人们留下了美好的印象。

梅花自古至今有许多品种，古人以开白花者为正。可见中国人赏花，赏的不只是外表之美，更看重的是其文化内涵。恰好，我观察白梅的地点是北大的未名湖畔和博雅塔下，在这样的环境下，我对梅花背后的文人风骨便更有体会。

我曾南下广东，在梅岭古道感受了梅文化的魅力。梅岭古道修建于唐宋时期，曾是南北之隔的第一要道，道路两旁皆栽种梅花。苏东坡被贬至海南时曾路经此地，写下《赠岭上梅》一诗："梅花开尽白花开，过尽行人君不来。不趁青梅尝煮酒，要看细雨熟黄梅。"可惜我当时来的时间不对，只能看到千年青石和古梅遒劲的树枝，而未能一睹梅花开放的盛况。

榆叶梅

小档案：

拉丁学名： *Prunus triloba*

科属： 蔷薇科　李属

花期： 4—5月

创作工艺： 压花、滴胶

观察地点：北大未名湖畔

榆叶梅，顾名思义是一种叶片像榆树叶而花朵似梅花的植物，但事实上它和榆树及梅花都没关系。春天开放的榆叶梅，是桃属最常见的栽培品种之一。

榆叶梅的叶子很有特点，与桃属的其他植物均不相同。桃树的叶子既窄且长，而榆叶梅的叶子为卵状椭圆形，叶子的边缘为不等的粗重锯齿状。

榆叶梅分为单瓣和重瓣等品种，城市中常见的是重瓣品种，野生的榆叶梅一般为单瓣，在北方山区较为多见。人们常把单瓣榆叶梅和山桃、山杏混淆，不过其花色比山桃、山杏深得多，还是容易辨认的。

我观察过不同阶段的榆叶梅，从它发芽开始，到长出花苞，再到花苞盛开，直到开败。这一过程非常有趣，让我收获了满满的素材。

以前，我多从构图的角度出发来观察植物在空间中的位置。在观察榆叶梅时，我尝试应用科学观察植物的方法“去除背景，只表现植物的局部细节”。这种方法对于画画和创作，都有很大的启发。

紫叶李

小档案：

拉丁学名：*Prunus cerasifera* f. *atropurpurea*　**科属：**蔷薇科　李属

花期：4月　**创作工艺：**压花、滴胶

观察地点：昌平区新城滨河森林公园

“桃花争红色空深，李花浅白开自好。”“李花不减梅花白，闲与梅花争几回。”在百花枝头春意闹的时节，又怎能少了李花的身影？说到城市里的观赏李花，紫叶李是最常见的一种。

紫叶李又名红叶李，紫红色的树叶是它的标志，在一众绿叶中，这紫色显得尤为特别，给人一种孤傲的感觉。只有在春天开花的时候，紫叶李才显出难得娇媚的一面。它的花瓣是白色的，花的直径为2~2.5厘米，显得素雅清新。在植物艺术创作中，紫叶李非常适合作为陪衬的副花。

因为紫叶李的树长得比较高，对于当时只有普通定焦镜头的我来说，要拍摄它有不小的困难。直到后来我有了变焦镜头，才拍出了不错的照片。在创作时，我们也可以同样选择冷色的纸张来作为紫叶李的压花纸。

土庄绣线菊

小档案：

拉丁学名： *Spiraea pubescens*

科属： 蔷薇科　绣线菊属

花期： 5—6月

创作工艺： 压花、滴胶

观察地点：北大未名湖畔

第一次看到土庄绣线菊是在奥森公园。长长的树枝上，挤满茂密的白色花朵，走近了看，花蕾的小巧和精致让我惊讶，繁星点点般缀在曼妙的枝条上，仿佛跳舞的珍珠，既耀眼又不过分夺目。因花型别致，花色秀丽，土庄绣线菊可以用作切花，制作成花束、花篮。

土庄绣线菊的观赏期很长，夏季有秀美的花可看，花落后，一丛丛的绿叶也给人一种生机勃勃的感觉。因此土庄绣线菊常被用于园林造景和点缀建筑物绿化带，虽然它是配角，却也别有一番风景。我后来在北大、北京植物园都看到过土庄绣线菊。

三裂绣线菊

小档案：

拉丁学名： *Spiraea trilobata*

科属： 蔷薇科　绣线菊属

花期： 5—6月

创作工艺： 压花纸、滴胶

观察地点：北京植物园

有一种三裂绣线菊，在公园里很常见，那一簇簇生长的白花，从远处看像一朵朵云彩点缀在绿色的叶片之间，别有一番清新淡雅。

三裂绣线菊因其叶子裂口通常为“三裂”，因此而得名。2019年4月，我曾随中国科学院植物研究所的老师到河北太行山一带采风，这才发现三裂绣线菊常常在这一带出没，是一种原生植物，往往长在崖壁上不为人知的地方，于群山中独傲其美，越是险要的地形，越能瞧见它的身影。这一次，我意识到地形地貌对植物生长的重要性。

三裂绣线菊特别适合作为园艺引种，北大校园和北京植物园里都有栽种，花卉市场也有改良品种。所以若有心观赏，也不必冒险去登山。

紫薇

小档案：

拉丁学名： *Lagerstroemia indica*

科属： 千屈菜科　紫薇属

花期： 6—9月

创作工艺： 压花、滴胶

观察地点：奥森公园南园

唐代白居易在《紫薇花》一诗中写道："丝纶阁下文书静，钟鼓楼中刻漏长。独坐黄昏谁是伴，紫薇花对紫微郎。"

紫薇花是一种花期很长的植物，可以从夏天一直开到秋天。宋代杨万里在《咏紫薇花》中写道："谁道花无红十日，紫薇长放半年花。"明代王象晋在《群芳谱》中记载："紫薇，一名百日红，四五月始花，开谢接续，可至八九月，故名。"当我在7月来到奥森公园时，只见紫薇花顶着烈烈炎日，正开得娇艳，而到了秋风乍起的时节，紫薇花仍傲立风中。

紫薇花的形状也很可爱，它的花瓣好似起褶的裙边，非常适合观赏。说到压花创作，我更喜欢南方的大紫薇花，其花瓣更加舒展、奔放、大气，叶子也大，压平的花瓣有着飘逸的线条，看起来更加舒展优美，用来插花也很好看。

锦带花

小档案：

拉丁学名： *Weigela florida*

科属： 忍冬科　锦带花属

花期： 4—6月

创作工艺： 压花

观察地点：奥森公园南园、北京植物园

锦带花作为中国传统的观赏花卉，自古就有栽培，且颇受人们欢迎。南宋诗人范成大在《锦带花》一诗中写道：“妍红棠棣妆，弱绿蔷薇枝。小风一再来，飘摇随舞衣。吴下妩芳槛，峡中满荒陂。佳人堕空谷，皎皎白驹诗。”诗中对锦带花极尽赞美，花朵比棠棣花还要鲜艳，树枝比蔷薇花枝稍显淡绿，清风徐来，犹如美人随风起舞。

如果你看到盛开的锦带花，就会明白它为什么会取这个名字了。虽然锦带花是红花配绿叶的传统搭配，但其花色在开放的过程中不断变化着。起初，锦带花的颜色是浅粉色带一点黄斑。一段时间后，花色逐渐变深，最后变成了粉红色带一点深红色的斑。一根根细长柔软的枝条上，深深浅浅的花朵密密簇拥着，像一条条彩带在天空下起舞。传说锦带花是天上的仙子用风梭露机织出来的锦带，因而得名。

锦带花花期长，适应力也很强，从南到北的城市中都常见栽培，或种植于庭院，或点缀于假山，或作为树篱，用满身的色彩装点着我们的生活。我时常在奥森公园观察，这里的锦带花有两种，一种叶子是纯绿色的称为锦带花，一种叶子有金黄色边的称为金边锦带花。两种花在花色上也不相同，锦带花为红色，金边锦带花呈现为渐变的粉红色。

荇菜

小档案：

拉丁学名： *Nymphoides peltata*

科属： 睡菜科　荇菜属

花期： 4—10月

创作工艺： 压花纸、滴胶

观察地点：奥森公园南园

《诗经》中这首关于荇菜的诗歌可谓家喻户晓，“参差荇菜，左右流之。窈窕淑女，寤寐求之”，但很多人其实并不知道荇菜长什么样子。夏天，当人们经过湖泊池塘，看到水面漂浮的绿叶中绽放着嫩黄色的花朵时，也并不知道这种植物就是荇菜。闻其名者不知其貌，见其貌者不识其名，这就是荇菜给我留下的初始印象。

荇菜在《诗经》中是寓意爱情的浪漫之花，在生活中却是一种极为常见，甚至有些普通的水生植物。它适应性强，耐寒又耐热，分布区域非常广泛。因荇菜喜欢静水，在家中用水缸即可种植，花朵鲜艳，花期又长，最适合点缀庭院。

我和荇菜的“邂逅”是在一个傍晚，当我散步至湖边，只见大片的植物漂浮在湖面，明黄的花朵与墨绿的叶片搭配，自有一种古朴的情致，不禁让人忆起《诗经》的雅韵。荇菜黄色的花冠裂成五瓣，有如一枚五角星，而花瓣边缘则呈现出须状，有如细碎的蕾丝花边。荇菜是我目前观察到的植物里花瓣最特别的一种水生植物，也是我最喜欢拿来做压花创作的一种植物。

粉团蔷薇

小档案：

拉丁学名： *Rosa multiflora* var. *cathayensis*

科属： 蔷薇科　蔷薇属

花期： 5—6月

创作工艺： 压花、滴胶

观察地点：奥森公园南园

在古代，蔷薇作为观赏花卉受到许多人的喜爱，并为人所歌咏。南朝的诗人谢朓作《咏蔷薇》一诗曰：“低枝讵胜叶，轻香幸自通。发萼初攒紫，余采尚霏红。新花对白日，故蕊逐行风。参差不俱曜，谁肯盼薇丛。”到了唐朝，在庭院中种植蔷薇已非常普遍。唐代名将高骈有诗道：“水晶帘动微风起，满架蔷薇一院香。”由于蔷薇开放于初夏时节，因此往往也寄托了人们的伤春愁绪。宋代黄庭坚所作《清平乐》词云：“春无踪迹谁知？除非问取黄鹂。百啭无人能解，因风飞过蔷薇。”蔷薇的盛开提醒着词人春天已经过去了。

蔷薇在如今的城市中作为绿化观赏植物经常能被看到。由于人们对蔷薇的喜爱，许多蔷薇的变种被培育出来。诗人们所观赏、吟咏的，通常以粉色蔷薇为主。如今城市里最常见的是浓香粉团蔷薇，紫红色的花，重瓣，散发着浓郁的香气。每年5—6月，一簇一簇的蔷薇花挂满枝头；凋落的时候，花瓣飘零四散。

蔷薇身上特有的皮刺刷新了我对植物自我保护的认识。蔷薇在漫长的进化过程中，枝茎上长满了刺，这是它保护自己的第一道防线。但这些刺对蚜虫来说起不到任何作用，这时候蔷薇会散发出一种求救信号般的独有味道，吸引瓢虫来吃掉蚜虫。面对蔷薇花，诗人们看到的是愁绪，画家们看到的是美感，而科学家们看到的是生态链。我在观察植物的过程中，也尝试着不断变换角度，这样才能学到更多。

月季花

小档案：

拉丁学名： *Rosa chinensis*

科属： 蔷薇科　蔷薇属

花期： 4—9月

创作工艺： 压花、滴胶、植物染

观察地点：奥森公园南园

月季是北京市的市花。在唐代画家周昉的《挥扇仕女图》中，仕女所执的花即是当时的月季。宋代的诗词绘画中也出现了大量的月季形象。这标志着月季开始从众多花卉中脱颖而出，成为一支独立的观赏花卉。

作为栽培历史悠久的一种园艺观赏花卉，月季的品种实在是太多了。一般我们说到月季花，指的是由野生的单瓣月季花选育出的品种。这个品种的月季花花期比较长，花色非常丰富。

月季和蔷薇的花形乍一看很相似，其实还是比较容易通过外形特点来区别的。月季的花冠比较大，花瓣很厚，花梗较长；蔷薇的花冠比较小，花瓣较薄，花梗很短。月季的叶子一般为3～5片，而蔷薇的叶子一般为5～9片。无论是月季还是蔷薇，它们通过一代代的杂交选育，诞生出了众多的品种，以婀娜的形态、缤纷的色彩美化着我们的生活。

在创作中，除了花朵，我们也可以把日光转向叶子。月季的叶子就很适合做叶脉染，尤其适合纸质印染。

元宝槭

小档案：

拉丁学名： *Acer truncatum*

科属： 无患子科　槭（qì）属

花期： 4月

创作工艺： 植物染

观察地点：居住地小区

“远上寒山石径斜，白云深处有人家。停车坐爱枫林晚，霜叶红于二月花。”每到深秋看红叶的时候，我就会想起这首脍炙人口的诗。

北京香山的红叶，其主力之一是槭树的一种——元宝槭，因其果实状如古时候的元宝而得名。元宝槭的叶子在入秋之后，如果遇到合适的气温和水分变化，叶片中就会大量积累花色素苷（gān）类物质，开始变色，先由绿变黄，再变成橙红。刚开始的那几天，三种颜色汇集在一片叶子上，像一片小彩虹。等叶子全部变红后，便有了“层林尽染”的效果。

等到秋天，元宝槭的叶子会全部变红，说明其单宁含量达到了顶峰，这样的叶子就可以拿来染色做叶脉染了。不过，我也曾经尝试过用8月的元宝槭树叶进行脉染制作，很神奇地染出了绿中带黄的效果，感受到别样的生机勃勃。

黄栌

小档案：

拉丁学名： *Cotinus coggygria*　　**科属：** 漆树科　黄栌属

花期： 2—8月　　**创作工艺：** 植物染

观察地点：北京植物园

每到10月中旬，京郊的香山就会人头攒动，大家都是为了同一件事而来——看红叶！但其实香山上的红叶不是我们以为的“枫叶”，而是黄栌叶和元宝槭叶。相比元宝槭，黄栌的叶片变色速度快，在枝头停留的时间久，从寒露开始逐渐透红，直到立冬还可以看到。

不过，黄栌作为大名鼎鼎的“园林宠儿”，却不是因为它的红叶，而是它的果序。黄栌的花呈黄绿色，还不及米粒大，花朵却很多，大部分还是不育花。花开过后，那些不育花脱落后残留的花梗开始逐渐伸长，一团团地围绕在一起，远看就像一团粉红色的烟雾笼罩在嫩绿的树叶之上，梦幻迷离，所以黄栌又得名“烟树”。

黄栌的叶子明明是红色的，可为什么它的名字里有个“黄”字呢？那是因为黄栌的木髓在古代有一个很重要的用途——作为黄色染料。从隋唐开始，黄色就成了皇帝的御用颜色。

不过我们在做叶脉染的时候，只要用黄栌的树叶就够了。当这些叶子的形状斑驳地印在纸上、布上时，就好像一支天然的画笔把一株植物的所有沧桑都画了下来。

柿

小档案：

拉丁学名： *Diospyros kaki*

科属： 柿科　柿属

花期： 5—6月

创作工艺： 植物染

观察地点：北京房山区某小区

如果说哪种水果最能代表北方秋天的韵味，那么柿子肯定是数一数二的。一过9月，在渐冷的秋风吹拂下，柿子树逐渐褪去绿色的衣裳，换上了橙红色的秋装，而藏在枝头的果实也同样从绿色逐渐变成了橙红色。进入深秋时节，柿子树红叶落尽，诱人的果实挂在枝头，犹如一个个圆润饱满的小灯笼，成为秋日的一景。

柿子原产于我国长江流域，在《礼记》中便有关于柿子的文字记载，古往今来，文人雅士对柿子多有歌颂：汉代的司马相如在《上林赋》里写道："枇杷橪柿"；南梁简文帝萧纲曾用"悬霜照采，凌冬挺润，甘清玉露，味重金液"的诗句赞美柿子；唐代小说家段成式在《酉阳杂俎（zǔ）》称："柿树有七德：一寿，二多阴，三无鸟巢，四无虫，五霜叶可玩，六嘉实，七落叶肥土"；宋朝张九成在《见柿树有感》中写道："严霜八九月，百草不复荣；唯君粲（càn）丹实，独挂秋空明。"

虽然柿子广受人们喜爱，但也有诗人和我一样，更关注柿子的树叶。唐代诗人杜牧有云："过雨柽枝润，迎霜柿叶殷。"高大的柿树经过秋雨的洗涤，柿叶更显出殷红的色彩，远远望去如火烧一般引人注目。这样美丽的树叶，是制作植物染的好素材。

金银木

小档案：

拉丁学名： *Lonicera maackii*

科属： 忍冬科　忍冬属

花期： 5—6月

创作工艺： 压花

观察地点：昌平区新城滨河森林公园

每年的国庆节前后，在公园里能看到很多结满小红果的灌木。红色的球状果实成对地镶嵌在细枝的两侧，十分小巧可爱。回想起几个月前的初夏时节，这些枝头上还挂满了花朵，初开时呈白色，后来变为黄色，香气芬芳，将花朵摘下来放到嘴里，还能吸到一点清甜的花蜜。

这种植物叫作金银木，是难得的庭院观赏植物，春季可观花，秋季可赏果，还是优良的蜜源树种，可谓是“身兼多职”了。

说到金银木，我们往往会想到金银花，其实两者还真的有些关联，都是属于忍冬属的植物。金银花又名忍冬（*Lonicera japonica*），金银木又名金银忍冬，两者的花都会由白变黄，这算是忍冬属植物的一个特性，所以才有了“金银”之美名。不过金银木是灌木，高度甚至可以达到两米，而金银花是半常绿藤本植物，从这个角度来看，两者还是很好区分的。进入初冬，红红的果实在这一片萧瑟中显得分外醒目，因此金银木也常常被用在插花和盆景中。

天人菊

小档案：

拉丁学名： *Gaillardia pulchella*　　**科属：** 菊科　天人菊属

花期： 6—8月　　**创作工艺：** 压花

观察地点：北坞公园

菊花自古以来在人们心目中就是一种象征着品性高洁的植物。屈原在《离骚》中就曾有“朝饮木兰之坠露兮，夕餐秋菊之落英”的吟咏，陶渊明在《饮酒（其五）》中写下的“采菊东篱下，悠然见南山”更是成为人们心中向往的生活方式。菊花在时令上对应的是寒露，“鸿雁来宾、雀入大水为蛤、菊有黄华”，寒露正是入秋后的第五个节气。

不过看惯了本土的菊花，再去欣赏外来的菊花，也别有一番风味。我时常在花坛里看到天人菊，这种一年生的草本花卉姿态优美，颜色艳丽，花瓣呈现出红黄两色，给人可爱又有活力的观感。天人菊原产地在北美，由于具有顽强的生命力，它的分布范围很广泛，养护起来特别简单，适合栽种在花坛中。

天人菊的花属头状花序，里面包含了许多舌状花与管状花。外围的舌状花色彩缤纷，中间的管状花长得像小圆球，当舌状花凋谢后，这个部位就会发育成果团，里面的种子再随风飘散，落地生长。天人菊的叶子上有柔毛，可以防止水分散失，这些都是它能在恶劣环境中生存的主要原因。

泡桐

小档案：

拉丁学名： *Paulownia tomentosa*

科属： 泡桐科　泡桐属

花期： 3—4月

创作工艺： 压花

观察地点：北京植物园

泡桐的花有白花和紫花两种，比较常见的是紫花泡桐。盛花时节，20多米高的泡桐树上开满了紫色的花朵，像一片片云霞，色彩绚烂，还能闻到浓郁的香气。

唐朝诗人元稹在《三月二十四日宿曾峰馆，夜对桐花，寄乐天》中写道："微月照桐花，月微花漠漠。怨澹不胜情，低回拂帘幕。叶新阴影细，露重枝条弱。夜久春恨多，风清暗香薄。是夕远思君，思君瘦如削……"这首诗以桐花寄托对好友白居易的思念之情，白居易也回复了一首《答桐花》的诗。

泡桐最值得称赞的，还有它的速生特性，几年内便可成材。而且泡桐的材质轻软，耐湿隔热，可用于制作板材家具，实用价值很高。有些地方过去还有女儿出生时种下毛泡桐，出嫁时做成家具陪嫁的风俗。不过泡桐树干多空心，大风天易折断。

水杉

小档案：

拉丁学名： *Metasequoia glyptostroboides*

科属： 柏科　水杉属

花期： 2月下旬

创作工艺： 蓝晒

观察地点：奥森公园南园

我第一次见到水杉是在给学员上课前“踩点”，特别碰巧经过一片水杉林，被它羽毛状的叶子深深吸引。那时，我还不会用坐标的方式记录位置，奥森公园又特别大，第二次东问西问找了两个小时，才终于找到水杉林。

水杉树有“活化石”之称。在水杉树被发现之前，北美至东亚多地都曾出土过水杉树化石，那时的科学家们认为水杉树早已经灭绝。直到1948年，植物学家胡先骕和郑万均联合发表了《水杉新科及生存之水杉新种》，向世界证实了“活化石”的存在。

不过自从水杉被发现后，经过人工栽培，它的分布范围已经很广泛了，一个公园里就有好几十棵，那它还是不是濒危植物呢？要知道，栽培植物无法取代野生种群，主要是由于栽培植物不具备野生植物种群的基因多样性。全世界范围内，水杉作为城市行道树、绿化植物的栽培数量不计其数，但这些水杉的来源都较为单一，结实率低，种子胚发育率低，种子萌发率低，无法有效地进行种群的繁殖。而今天，野生水杉的数量依旧很少，因此仍然需要我们的保护。

二乔玉兰

小档案：

拉丁学名： *Yulania × soulangeana*　　**科属：** 木兰科　玉兰属

花期： 2—3月　　**创作工艺：** 插花

观察地点：北大未名湖畔

玉兰是中国传统的木本花卉。北京市门头沟潭柘寺景区毗卢阁东侧的两株二乔玉兰种植于明代，至今已有400年的树龄，是玉兰中的珍品。

据说，现代的二乔玉兰的嫁接技术是在100多年前由一个法国人研究出来的。

白玉兰、紫玉兰、二乔玉兰经常会被人们混淆，那如何区别这三种花呢？它们最明显的区别是颜色，白玉兰的花瓣为白色，紫玉兰的花瓣为紫色，而二乔玉兰的花瓣是白紫相间的。除此之外，三种花的花期也不同，花叶开放的顺序也不太一样。

玉兰在传统国画中也扮演着重要的角色，明代的孙克弘画有一幅《玉堂芝兰图》轴，画中应用多次设色晕染白色花瓣，来表现白玉兰盛放时芬芳扑鼻的景色。

牡丹

小档案：

拉丁学名： *Paeonia suffruticosa*

科属： 芍药科　芍药属

花期： 5月

创作工艺： 插花

观察地点：北京植物园

如果被问到中国的名花是什么，很多人的第一反应都是牡丹。“绿艳闲且静，红衣浅复深”“千片赤英霞烂烂，百枝绛点灯煌煌”，在中国文化中，牡丹花一直是富贵吉祥、繁荣兴旺的象征。作为中国特有的植物类群之一，牡丹的发展和变化也和中国的历史变迁息息相关。我小时候临摹的第一幅画作是杨贵妃仕女图，画中就有牡丹，所以我个人对牡丹的印象也十分深刻。

秦朝以前的古人分不清牡丹和芍药，将它们统称为芍药。后来，人们才逐渐发现牡丹和芍药不是一种花。牡丹和芍药同属芍药科、芍药属，单从外观上看，两者没有特别大的区别。牡丹以木本为主，多生于山间的石缝，而芍药喜欢肥厚的土壤，多生在平坦的山谷与平原。

最早的牡丹作为一种乡野花卉，难登大雅之堂。唐代的舒元舆在《牡丹赋》序文中写道：“天后之乡，西河也，有众香精舍，下有牡丹，其花特异，天后叹上苑之有阙，因命移植焉。由此京国牡丹，日月寖盛。”序文中追述了唐代洛阳牡丹的起源、来历等。唐代刘禹锡有诗曰：“庭前芍药妖无格，池上芙蕖净少情。唯有牡丹真国色，花开时节动京城。”由于牡丹文化的持续盛行，全国各地都开始引种牡丹，从南到北都能看到牡丹的身影。

芍药

小档案：

拉丁学名：*Paeonia lactiflora*

科属：芍药科　芍药属

花期：5—6月

创作工艺：插花

观察地点：北京植物园

牡丹花谢，芍药花开，正好是两个季节交替之时。牡丹与芍药常常被人们一并提及，牡丹为花王，芍药为花相。两种植物花形相似，不过牡丹是木本植物，而芍药是草本植物。牡丹从唐代开始受到欢迎，后世的人们往往也更重视牡丹，其实芍药有着更为悠久的历史，千年前就已被人们视为爱情之花。

《诗经·郑风·溱洧》有云："维士与女，伊其相谑，赠之以勺药。"溱洧之畔，两情相悦的恋人互述爱慕，在将要离别的时候，互赠芍药以表情思，于是芍药便有了"将离"之名。唐代文人称芍药为"婪尾春"，因"婪尾酒"在宴饮时为最后一杯酒，而芍药花开于春末，所以"婪尾春"意为春天的最后一杯美酒，芍药花开也意味着春天即将离去。

芍药和牡丹的花冠都比较大，不适合做压花创作，倒是可以插花。早在宋朝时，便有了"四雅"的说法——焚香、吃茶、插花、赏画，这是上至士大夫、下至平民百姓都热衷的生活方式，也是中国人传统的生活美学。古人还爱把花戴在头上，有杨万里诗为证："春色何须羯鼓催，君主元日领春回。牡丹芍药蔷薇朵，都向千官帽上开。"古人在爱植物、爱美方面的追求，比我们现代人有过之而无不及。

黄菖蒲（黄鸢尾）

小档案：

拉丁学名： *Iris pseudacorus*

科属： 鸢尾科　鸢尾属

花期： 5月

创作工艺： 插花

观察地点：奥森公园南园

辨别植物的时候，往往不能太“顾名思义”。比如鸢尾科的黄菖蒲，就和天南星科的菖蒲没什么关系。

黄菖蒲的花朵是黄色的，喜河湖沿岸或沼泽地等潮湿地带，所以它经常被种植在池塘或者河道的沿岸，成为一道独特的风景线。我在圆明园和奥森公园两地都看到湖边的一角种了黄菖蒲。黄菖蒲是外来物种，从欧洲引进，现在在国内的分布已经很广泛了。也许是因为黄菖蒲栽种在水边，而菖蒲也喜欢水，加上二者的叶片长得差不多，所以才有了这个名字吧。

唐菖蒲、黄菖蒲和菖蒲三者如何辨别，曾经困扰了我很久。主要原因是最初辨识植物的时候，只能单纯依靠外形来查资料，往往不得要领。现在随着大数据的完善，就方便多了。目前有很多植物识别软件可以拍照识别，然后根据相关的特点描述和图片进行比对，就能方便快捷地得出正确答案。

萱草

小档案：

拉丁学名： *Hemerocallis fulva*

科属： 阿福花科 萱草属

花期： 5—7月

创作工艺： 插花

观察地点：奥森公园南园

5月刚刚立夏，我顶着夏日灼热的阳光，去奥森公园观察萱草。萱草在北京的绿化带中多有种植，它没开花的时候，看上去只是一丛丛杂乱的绿叶子。一旦开花，萱草就变得丰富起来，有橙花萱草、海盗萱草、黄花萱草等品种，颜色也有橙色、红色、黄色等。

《诗经·卫风·伯兮》写道："焉得谖（xuān）草？言树之背。愿言思伯，使我心痗"，说的是思念出征丈夫的女子想在北堂种植让她忘记忧思的草。"谖草"就是萱草，"谖"有忘记的意思，因此"忘忧草"也逐渐成了萱草的代名词。萱草最初用以表达妻子对丈夫的思念。自唐代以来，萱草逐渐与母亲联系在了一起。唐代孟郊在《游子》中写道："萱草生堂阶，游子行天涯。慈亲倚堂门，不见萱草花。"现在人们在母亲节时会选择送康乃馨给母亲，但其实萱草才是中国传统的"母亲花"。

萱草的英文名叫作"Daylily"，即"一日百合"之意，因其花形酷似百合而得名，其花昼开夜闭。萱草在国外是相当受欢迎的园艺花卉，除了常见的橘黄、橘红、黄色系，还有大量的彩色萱草被培育出来，不过这些彩色萱草在国内比较少见。

荷花

小档案：

拉丁学名： *Nelumbo nucifera*

科属： 莲科　莲属

花期： 6—8月

创作工艺： 插花

观察地点：奥森公园

荷花之美人尽皆知，但不同的人观赏荷花之美的方式也多有不同。有人热衷拍照，有人热衷荷塘戏水，相比之下，我更喜欢静静地观赏。若是在荷塘旁泡一壶茶，约几个好友谈天，便是难得的好时光了。让四季有花可赏，是中国古代造园家恪守的造园规则：柳丝迎春，绿荷消夏，桐叶惊秋，梅花耐冬，四时景观虽不同，但那一份安逸闲适却是现代人可遇不可求的。

为了能静静地观赏荷花，我选择过很多地点，如奥森公园、翠湖公园，还分别在阴天、晴天对荷花进行拍摄和观察。最近我的常驻地是位于住所附近的琉璃河。琉璃河也叫大石河，是一条历史悠久的河流。我是在琉璃河寻找素材时发现了荷花，通过观察这里的荷花，我了解了水域对植物的影响——荷花通常生长在池塘或是水流较为平缓的河流两岸。

荷花还有一个可贵之处，就在于其全身皆宝，藕和莲子能食用，莲子、根茎、藕节、荷叶、花瓣及种子的胚芽等都可入药。难怪有人说："荷花的美，一半在文人眼中，一半在吃货碗里。"精神文明和物质生活一并兼顾，也是难能可贵了。